Md. Tawhid Hasan
Gias Uddin Ahmed

Medicamentos para a aquicultura e produtos químicos: impacto na aquicultura no Bangladesh

Md. Tawhid Hasan
Gias Uddin Ahmed

Medicamentos para a aquicultura e produtos químicos: impacto na aquicultura no Bangladesh

Imprint

Any brand names and product names mentioned in this book are subject to trademark, brand or patent protection and are trademarks or registered trademarks of their respective holders. The use of brand names, product names, common names, trade names, product descriptions etc. even without a particular marking in this work is in no way to be construed to mean that such names may be regarded as unrestricted in respect of trademark and brand protection legislation and could thus be used by anyone.

Cover image: www.ingimage.com

This book is a translation from the original published under ISBN 978-3-659-85923-6.

Publisher:
Sciencia Scripts
is a trademark of
Dodo Books Indian Ocean Ltd. and OmniScriptum S.R.L publishing group

120 High Road, East Finchley, London, N2 9ED, United Kingdom
Str. Armeneasca 28/1, office 1, Chisinau MD-2012, Republic of Moldova, Europe
Printed at: see last page
ISBN: 978-613-9-81757-3

ÍNDICE DE CONTEÚDOS

CAPÍTULO 1

INTRODUÇÃO

A aquicultura é um sector em rápido crescimento no Bangladesh. É a segunda maior indústria de exportação depois do vestuário, onde 57% do total das exportações de peixe e produtos da pesca e 97% do camarão produzido estão a ser exportados. Contribui com 4,37% para o Produto Interno Bruto (PIB) e 23,37% para o sector agrícola (DoF, 2014). O solo, a água e o clima do Bangladesh são muito favoráveis à pesca interior, tanto em águas abertas como fechadas, bem como à pesca em águas salobras. A cultura do camarão tem atraído uma maior atenção dos agricultores nas regiões costeiras, nomeadamente Khulna, Satkhira, Bagerhat, Chittagong e Cox's Bazar, com um habitat natural adequado, clima tropical, áreas estuarinas produtivas e não lavradas (Muir, 2003). Ao longo da última década, a rápida expansão da cultura do camarão nas zonas costeiras constituiu um desenvolvimento notável no sector das pescas do país. Nos últimos anos, a maior parte dos agricultores das zonas costeiras cultivam camarão e gambas no mesmo tanque ou lago. Por outro lado, a pesca interior também está a expandir-se rapidamente, com novas técnicas de aquicultura e sistemas de cultura extensivos e semi-intensivos melhorados. Para que a aquicultura seja bem sucedida, a tecnologia é a mais necessária, bem como a aplicação de diferentes fármacos aquáticos e produtos químicos que aumentem a produção, previnam doenças ou criem um sistema imunitário ou anticorpos contra doenças (Subasinghe *et al.*, 1996 e Akhter *et al.*, 2010).

A utilização de fármacos e produtos químicos na aquicultura tem uma longa história. Há uma grande variedade de fármacos e produtos químicos utilizados na aquicultura interior e costeira, que podem ser classificados de acordo com o objetivo da sua utilização, os tipos de organismos em cultura, a fase do ciclo de vida em que são utilizados, o sistema de cultura e a intensidade da cultura e o tipo de agricultores que os utilizam (Subasinghe *el al.*, 1996). Os objectivos da utilização de produtos químicos e antibióticos são melhorar o estado de saúde dos animais aquáticos, a produtividade aquática, a formulação de rações, a promoção do crescimento, a manipulação da produção, o transporte de peixes vivos, a construção de tanques e a gestão global do ambiente natural dos tanques e da qualidade da água (GESAMP, 1997; Faruk *et al.*, 2004 e Khan *et al.*, 2011).

No passado, os agricultores utilizavam apenas alguns produtos químicos tradicionais como a cal, o sal, o permanganato de potássio, o sulfato de cobre, a formalina e o pó branqueador (Hasan e Ahmed, 2002 e Plumb, 1992), mas nos últimos anos várias empresas farmacêuticas desempenham um papel vital na produção de vários tipos de medicamentos comerciais para a água (Faruk *et al.*, 2008). Existem cerca de 33 empresas farmacêuticas com 18 antibióticos de marca e 23 empresas farmacêuticas activas na produção e comercialização de medicamentos para a água na região da grande Khulna (Akhter *et al.*, 2010). Os produtos químicos comerciais comuns utilizados pelos agricultores rurais são Geotox, Geolite, Benzo, Ammonil, Megageo, EDTA, Timsen, BKC, Microdine iodine, Oxyflow, Oxymax, Oxy-plus, Oxy-gold, Eco-solution, Melathion, Sumithion, Dipterex, Virex, Malachite green, Spa, Oxy tetracycline, Renamycine, Renamox, Bactitab, Bactrol, Vitamin, Cevit vet, Growmax, Panvit aqua, Aquamin, Aqua boost e Acimix supper-fish (Faruk *et al.*, 2008).

Para o controlo sanitário dos peixes e camarões, os aquicultores utilizam vários tipos de antibióticos e probióticos. Os antibióticos, que têm sido aplicados na aquacultura há mais de cinquenta anos, para o tratamento de infecções bacterianas em peixes e camarões. Os ingredientes mais comuns dos antibióticos são a oxitetraciclina, a clorotetraciclina, a amoxicilina, a co-trimoxazoie, a sulfadiazina e o sulfametoxazol (Plumb, 1992). Alguns produtos químicos comuns utilizados na gestão da saúde incluem o cloreto de sódio, a formalina, o verde de malaquite, o azul de metilo, o permanganato de potássio e o peróxido de hidrogénio (Plumb, 1992). O permanganato de potássio é o produto químico mais utilizado para tratar protozoários externos e infecções bacterianas externas. Para o tratamento de infecções fúngicas, parasitas externos em peixes e ovos de peixe como tratamento de descarga, prolongado ou indefinido ou controlo fúngico, o cloreto de sódio e a formalina são um tratamento antigo usado pelos agricultores (Plumb, 1992). Recentemente alguns piscicultores usam probióticos tais como Aqua gold, Aqua photo, Bio-zyme, Mutagen, pH fixer,

Supper PS e Zymtine para a gestão do crescimento e da saúde dos peixes (Shamsuzzaman e Biswas, 2012).

O impacto do uso de produtos químicos e medicamentos, melhora o crescimento e a capacidade de resistência a doenças de peixes e camarões (Ahmed *et al.*, 2014). A produção de pangus tailandês em viveiros tratados quimicamente é de 8100 kg/acre e em viveiros não tratados é de 4800 kg/acre (Ahmed *et al.*, 2012). A histologia dos músculos da pele, brânquias, fígado e rim dos peixes e dos músculos dos camarões diferencia os tratados quimicamente dos não tratados através de alterações patológicas notáveis como necrose, vácuos e células picnóticas (Ahmed *et al.*, 2014).

Na maior parte dos casos os agricultores não mantêm a dose apropriada de medicamentos para o tratamento do tanque e das doenças. Como resultado, os produtos químicos têm algum impacto negativo na produção de peixe e também na saúde humana através do consumo. O manuseamento incorreto dos produtos químicos conduz, frequentemente, a problemas como a resistência aos medicamentos, resíduos nos tecidos e efeitos adversos na biodiversidade das espécies (Spanggaard *et al.*, 1993 e Herwing e Gray, 1997). Por vezes, os produtos químicos podem ser encontrados no sedimento durante pelo menos seis meses, como é o caso dos antimicrobianos, nomeadamente a oxitetracalina, o ácido oxolínico e a flumequina (Weston, 1996). Quase não existe informação e conhecimentos adequados sobre o impacto da utilização de medicamentos e produtos químicos aquáticos no Bangladesh. Assim, o presente estudo tem por objetivo investigar o impacto dos medicamentos e produtos químicos para a aquicultura na saúde e na produção de peixes e camarões, através de observações clínicas, histológicas e gerais no terreno, tanto na aquicultura interior como na costeira.

Objectivos

i. Investigar as drogas aquáticas e os produtos químicos utilizados pelos agricultores nas zonas interiores e costeiras.

ii. Conhecer o impacto das drogas aquáticas e dos produtos químicos na saúde e na produção de peixes e camarões.

CAPÍTULO 2

REVISÃO DA LITERATURA

Limsuwan (1985) recomendou que o sulfato de cobre (CuSCh) à taxa de 4050 ppm em banho durante 20-30 min era necessário para o tratamento de parasitas protozoários em peixes. Cutrine Plus à taxa de 0,5 ppm foi utilizado para tratar bactérias filamentosas em camarões. Se os compostos de cobre forem utilizados continuamente nos viveiros de camarões, podem acumular-se no fundo do viveiro, o que é perigoso para os camarões.

Ruangpan (1986) referiu que os produtos químicos utilizados nas ovas de peixe e nos peixes de aquário para o tratamento de infecções bacterianas e de protozoários externos. A acriflavina foi recomendada como tratamento para *Flexibacter columnaris* em robalo. A dose foi de 100 ppm para mergulhar os ovos durante 3-5 segundos e 25 ppm para o tratamento prolongado de *F. columnaris* no robalo.

Kanchanakarn (1986) afirmou que o Dipterex era utilizado para o tratamento de crustáceos, monogéneos e protozoários parasitas em peixes cultivados em tanques. O autor recomendou 0,25-0,3 ppm para um tratamento prolongado, no entanto, é necessário repetir o tratamento 2-3 vezes com intervalos de 3 dias. Verificou-se que estes vectores transportavam o baculovírus sistémico ectodérmico e mesodérmico (SEMBV), o agente causador da doença da cabeça amarela (YHD). Para eliminar completamente estes crustáceos, os agricultores utilizaram Dipterex a 0,3-0,5 ppm ou em concentrações mais elevadas.

Williams e Lightner (1988) referiram que os compostos de cobre eram os únicos produtos químicos aprovados até à data pela USFDA para a cultura do camarão. Era também um dos produtos químicos mais antigos e mais amplamente utilizados na piscicultura. Era utilizado como parasiticida contra a infestação externa de protozoários.

Primpol (1990) mencionou que produtos químicos como sulfato de cobre, formalina e permanganato de potássio foram usados para o tratamento de ovos de peixe e peixes de aquário para infecções bacterianas e de protozoários externos. Ele recomendou 5 ppm de Acriflavin para o tratamento de infecções bacterianas no tanque para peixe gato ambulante e para peixe de aquário, 5-10 ppm de banho durante 24 horas.

Bhaumick *et al.* (1991) efectuaram uma investigação em Bengala Ocidental sobre o efeito da síndrome ulcerativa epizoótica (SUE) e mostraram que a aplicação de cal em lagos deu 68% de resultados positivos.

Lipton (1991) estudou o efeito de compostos antibióticos no crescimento do agente patogénico *Aeromonas hydrophila* isolado de uma lesão hemorrágica de *Labeo rohita*. O autor verificou que, de entre os dez antibióticos, a gentamicina, a tetraciclina, a estreptomicina, a penicilina e a neomicina eram activos na inibição do crescimento da bactéria.

Plumb (1992) referiu que os antibióticos foram aplicados na aquacultura durante mais de 50 anos no tratamento de infecções bacterianas dos peixes. Alguns produtos químicos comuns incluem o cloreto de sódio, a formalina, o verde de malaquite, o azul de metilo, o permanganato de potássio e o peróxido de hidrogénio, que foram utilizados para o tratamento de infecções bacterianas. O permanganato de potássio era bom para tratar infecções externas de protozoários e de bactérias.

Tonguthai e Chanrachakool (1992) analisaram a utilização atual de agentes quimioterapêuticos na Tailândia e verificaram que eram utilizados 23 produtos químicos básicos e antibióticos. Concluíram, a partir de um inquérito por questionário a cientistas das pescas na Ásia, que não menos de 38 antimicrobianos e 28 parasiticidas foram utilizados na aquicultura asiática durante 1990-93.

Chinabut e Lilley (1992) afirmaram que tanto a cal viva como a cal salgada têm um pH muito elevado e, para além de aumentar a alcalinidade, podem ter um efeito esterilizante contra as doenças. Uma vasta gama de quimioterápicos foi utilizada para controlar as doenças dos peixes.

Floyd (1993) verificou que o tratamento por banho era eficaz no controlo de infecções externas nos peixes. O autor observou que o sulfato de cobre, a formalina e o permanganato de potássio tinham uma eficácia semelhante contra infestações de protozoários na pele, brânquias e barbatanas. O autor também verificou que, dos três produtos químicos, o permanganato de potássio tinha um espetro de atividade mais amplo, uma vez que era muito eficaz contra infecções bacterianas e fúngicas.

Aiderman *et al.* (1994) afirmaram que os pesticidas também eram utilizados na aquicultura para o tratamento de doenças, como os organofosforados, os compostos orgânicos, a rotenona e a saponina. Devido à elevada neurotoxicidade dos organofosforados, a saúde dos trabalhadores das explorações piscícolas também era perigosa.

Smith *et al.* (1994) verificaram que a oxitetraciclina é um dos agentes antibacterianos mais utilizados na aquicultura. A grande maioria da oxitetraciclina fornecida nos alimentos mediados pode ser encontrada nos efluentes das incubadoras em concentrações que representam quase todo o fornecimento de medicamentos entéricos.

Chanratchakool *et al.* (1995) referiram que a cal era o principal produto químico utilizado para o tratamento do solo e da água. Foi utilizada para corrigir o fundo do tanque e estabilizar o pH da água e também para assegurar um florescimento saudável do plâncton. Existem diferentes tipos de cal, como a cal agrícola/pedra de cal ou concha triturada (CaCOs), a cal hidratada ou cal apagada (Ca(OH)2), a cal viva/cal queimada ou cal de concha queimada (CaO) e a dolomite ou cal dolomítica (CaMgjCOs)?

Subasinghe *et al.* (1996) referiram que os produtos químicos e os antibióticos eram importantes na gestão da saúde dos animais aquáticos, na construção de tanques, na gestão dos solos e da água, na melhoria da produtividade natural, no transporte de peixes vivos, na formulação de rações, na manipulação da reprodução, na promoção do crescimento e na transformação e adição de valor ao produto final.

Inglis (1996) referiu que se encontrava no mercado uma variedade de antibióticos de nome comercial para o tratamento de doenças. Verificou-se que os antibióticos eram utilizados de forma indiscriminada, sem se conhecerem as causas exactas da doença. Os agricultores não dispunham de formação adequada sobre a utilização de produtos químicos. Foi amplamente reconhecido que o uso excessivo de antibióticos contribui para o desenvolvimento de estirpes resistentes de bactérias.

Weston (1996) verificou que os produtos químicos aplicados na aquicultura eram, em certa medida, libertados diretamente para os ecossistemas aquáticos. Algumas substâncias químicas persistem durante muitos meses e anos nos sistemas aquáticos, mantendo as suas propriedades biocidas. Alguns antibacterianos, nomeadamente a oxitetraciclina, o ácido oxolínico e a flumequina, foram encontrados nos sedimentos pelo menos seis meses após o tratamento.

Herwig e Gray (1997) referiram que a utilização indiscriminada de medicamentos e produtos químicos em meio aquático conduz frequentemente a problemas como a resistência aos medicamentos, resíduos nos tecidos e efeitos adversos na biodiversidade das espécies, que acabam por afetar as espécies cultivadas, as espécies selvagens locais, o homem e o ambiente. As bactérias resistentes aos antibióticos nos ecossistemas aquáticos têm o potencial de chegar aos animais terrestres através da transferência de genes, etc.

Haque *et al.* (1997) estudaram a concentração inibitória mínima (CIM) e a concentração bactericida mínima (CBM) de três antibióticos vulgarmente utilizados e concluíram que a maioria dos antibióticos não conseguia inibir os organismos na gama de concentrações testada: anficlina 2 a 64 mg/ml, amoxicilina 1 a 32 mg/ml e tetraciclina 1 a 32 mg/ml.

GESAMP (1997) descobriu que uma variedade de produtos químicos foi usada para tratamentos de solo e água, Alum (Sulfato de alumínio) na taxa de 20 mg/1, Gesso na concentração de 250-1000 mg/1, Cal na dose de 100-8000 kg/ha e Geolite na dose de 100-150 kg/ha. Agente antibacteriano Amoxicilina,

O nitrofurano e os macrólidos eram activos contra bactérias gram positivas. Para controlar doenças como a Furanculose, a doença entérica da boca vermelha e *o Vibrio, as sulfonamidas* foram amplamente utilizadas em sistemas de aquicultura.

Lilley e Inglis (1997) efectuaram ensaios e observaram que 5 ppm de Corporal impediu a indução de lesões EUS no peixe-gato africano, enquanto o verde de malaquite 0,1 mg/1 foi parcialmente eficaz e a formalina 25 mg/1 foi ineficaz. Os autores também relataram que o verde de malaquite e o peróxido mostraram uma atividade fungicida contra *Aeromonas invadans num ensaio viro.*

Sarkar (2000) realizou uma experiência para testar a sensibilidade aos medicamentos de cinco isolados de *Aeromonas sobria* e concluiu que a maioria dos isolados era sensível à oxitetraciclina, ao ácido oxolínico e ao cloranfenicol, mas resistente à eritromicina e ao sulfametoxazol.

Tonguthai (2000) observou que o Ca (OH) 2 era normalmente utilizado em solos com um pH baixo (< 4). Se for utilizado num solo com pH elevado, o resultado será um pH da água excessivamente elevado. Uma água com pH elevado torna o amoníaco mais tóxico e pode provocar a mortalidade dos animais aquáticos. A cal agrícola (CaCO 3) foi utilizada para aumentar a capacidade tampão da água. Não provocou alterações drásticas do pH e pode, por conseguinte, ser utilizada em quantidades relativamente grandes. A qualidade do CaCO 3 no mercado pode variar devido à contaminação com o solo.

Brown e Brook (2002) observaram que as principais doenças comunicadas pelos agricultores eram a EUS, a podridão da cauda e das barbatanas, a hidropisia, a protrusão anal, a doença fúngica, a doença nutricional e a mancha vermelha e branca. Tradicionalmente, os agricultores utilizavam sal, sumithion, melathion, formalina, pó branqueador e permanganato de potássio para o tratamento das doenças.

Faruk *et al.* (2004) referiram que os agricultores utilizavam um grande número de medicamentos e produtos químicos para o tratamento de doenças no Bangladesh. A calagem foi o tratamento mais comum, seguido da aplicação de sal, permanganato de potássio (potassa), antibióticos, pesticidas e insecticidas. O maior número de agricultores, 46,4%, utilizou cal e permanganato de potássio em conjunto, seguindo-se apenas a cal, 22,4%, e a cal e o sal em conjunto, 9,8%. Cerca de 16,6% dos agricultores utilizaram pesticidas para controlar a infeção parasitária nos seus lagos. Desses pesticidas, 5,6% dos agricultores utilizaram Sumithion, seguido de Thiodin 4,0%, Dipterax 3,6%, Fenfen 3,0% e apenas 0,4% dos agricultores utilizaram outros pesticidas e insecticidas.

Sultana (2004) mencionou que a cal era um produto químico comum muito eficaz e amplamente utilizado no Bangladesh para diferentes fins, como a manutenção do pH, a manutenção da cor e da turbidez da água, o aumento da taxa de decomposição e também o tratamento de doenças. A maioria dos agricultores utiliza a cal devido ao seu baixo preço e à sua eficácia na gestão da qualidade da água, além de atuar contra diferentes doenças.

Faruk *et al.* (2005) referiram os problemas associados à utilização de produtos químicos. Com a expansão da aquicultura no Bangladesh, tem-se verificado uma tendência crescente para a utilização de produtos químicos na gestão da saúde dos animais aquáticos. Os produtos químicos mais utilizados na aquicultura do Bangladesh são a cal, a rotenona, várias formas de fertilizantes inorgânicos e orgânicos, a fostoxina, o sal, o dipterex, os antimicrobianos, o permanganato de potássio, o sulfato de cobre, a formalina, o sumithion e o melathion.

Uddin e Kader (2006) mencionaram que uma variedade de produtos químicos foi utilizada nas maternidades de camarão do Bangladesh para aumentar a produção de sementes, melhorar as taxas de sobrevivência e controlar os agentes patogénicos.

Faruk *et al.* (2008) observaram que os produtos químicos tradicionais mais comuns encontrados na gestão sanitária são a cal, o sal, o permanganato de potássio, o sumithion, o melathion, a formalina, o pó branqueador e o verde malaquite. Dos novos

Os produtos JVzeolite, Geotox, Green zeolite, Orgavit aqua, Fish vitaplus, AQ grow-G, Oxy flow e oxy max foram os compostos mais utilizados. Foram encontrados no mercado catorze antibióticos de marca, dos quais Oxysentin, Renamox, Renamycin e Orgamycine estavam a ser amplamente utilizados.

Rodgers *et al.* (2009) referem que os produtos químicos não são apenas utilizados como quimioterapêuticos, mas também como pesticidas, oxidantes, desinfectantes, algicidas, herbicidas e biocidas para o tratamento de doenças dos peixes, para o controlo de pragas aquáticas e para a proteção das infra-estruturas das explorações contra a sujidade, etc. Os produtos químicos e os antibióticos são componentes importantes não só na gestão da saúde dos animais aquáticos, mas também na gestão dos solos e da água, na melhoria da produtividade aquática, no transporte de peixes vivos, na formulação de alimentos para animais, na promoção do crescimento e na transformação e valorização do produto final.

Daniel (2009) constatou que o controlo de protozoários externos e trematódeos monogenéticos era feito através da aplicação de formalina 15 a 25 ml/1. A oxitetraciclina foi utilizada 50 mg/kg/dia durante 5 dias para septicemia entérica, furunculose e doenças ulcerosas.

Barde (2009) referiu que o tratamento com sumidon e acefato causava poluição na bacia de Godavari, na Índia. Além disso, a atividade enzimática da lipase e da protease nos tecidos foi gravemente afetada pelos pesticidas. O efeito destes pesticidas mostrou uma variação da atividade enzimática no sistema digestivo do caranguejo.

Akhter *et al.* (2010) afirmaram que a gestão da saúde dos peixes e o tratamento de doenças foram as principais áreas em que os agricultores foram vistos a usar esses medicamentos. Outros produtos químicos foram utilizados na preparação e gestão dos tanques, na promoção do crescimento, na melhoria da qualidade da água e no aumento da produtividade dos tanques. Nas regiões de Khulna, foram encontrados no mercado 18 antibióticos de marca com diferentes nomes comerciais.

Khan *et al.* (2011) referiram que os produtos químicos tradicionais utilizados na gestão da saúde dos peixes incluíam cal, sal, potássio, sumithion, melathion, formalina e pó branqueador na região de Mymensingh. Os autores também mencionaram que vinte e oito empresas farmacêuticas produziam e comercializavam medicamentos para a aquicultura e produtos químicos na região de Mymensingh. Estas incluíam plogurd plus, deletix, timsen, vectisol, virex, renamycine e oxy-dox-F, utilizados como fornecedores de oxigénio.

Rahman (2011) observou que as doenças na aquicultura do Bangladesh eram EUS, mancha vermelha, Dropsy, podridão da cauda e podridão das barbatanas em diferentes espécies de peixes, como shing, Thai koi, Tilapia e Thai Pangus.

Monsur (2012) referiu que as principais doenças comunicadas pelos agricultores foram a EUS, a hidropisia, a postulação anal, as doenças fúngicas, a nutrição e as manchas brancas na região de Mymensingh.

Ahmed *et al.* (2012) analisaram que, no tanque do agricultor, a produção de pangus tailandês em tanques tratados com produtos químicos foi maior, 8100 kg/acre, do que nos tanques não tratados, 4800 kg/acre. A histopatologia dos peixes não tratados, músculo da pele, fígado, rim e brânquias tinha estrutura quase normal. No entanto, nos tanques tratados com produtos químicos, os órgãos investigados acima mencionados dos peixes tinham alterações patológicas notáveis como necrose, hemorragia, vácuo, melanócitos e perda parcial de órgãos.

Shamsuzzaman e Biswas (2012) afirmaram que, na costa sudoeste do Bangladeche, os produtos químicos tradicionais mais comuns encontrados na gestão sanitária eram a cal, o sal, o permanganato de potássio, o sumithion, o melathion, a formalina, o pó branqueador e o verde malaquite. Entre os antibióticos disponíveis, Oxysentin 20%, Renamox, Renamycin e Orgamycine 15% estavam a ser amplamente utilizados pelos aquicultores de água doce na zona de Jessore e 13 probióticos de marca também foram encontrados no mercado nas zonas costeiras.

Chowdhury *et al.* (2012) afirmaram que, na região de Noakhali, foram utilizados vinte e dois produtos químicos diferentes para diferentes fins, como criação artificial, preparação de tanques, gestão da qualidade da água e envenenamento de peixes, eliminação de insectos, desinfeção e tratamento de doenças de peixes. A cal e o zeólito foram utilizados para a preparação dos tanques e a gestão da qualidade da água. 53% dos viveiristas e 43% dos proprietários de viveiros utilizavam sumithion. Quatro tipos de aditivos alimentares eram frequentemente utilizados nas actividades culturais. A oxitetraciclina foi o antibiótico mais utilizado (47% dos agricultores), para além de os agricultores utilizarem a clorotetraciclina e a amoxicilina para o tratamento de doenças.

Mir *et al.* (2012) afirmaram que uma dose excessiva de produtos químicos causou um desequilíbrio no ecossistema do tanque e aumentou a resistência de diferentes agentes patogénicos a esses produtos químicos. Além disso, os efluentes das explorações aquícolas não são tratados adequadamente e são libertados diretamente em águas abertas, o que causa graves problemas no ecossistema de águas abertas. A dose de aplicação também varia de exploração para exploração devido a conhecimentos inadequados sobre produtos químicos e à falta de trabalho de extensão das respectivas autoridades.

Shamsuddin (2012) mencionou que foram encontrados 49 tipos diferentes de medicamentos aquáticos nas farmácias do distrito de Mymensingh. Entre estes, 15 tipos de medicamentos aquáticos eram amplamente utilizados pelos agricultores, tais como Renamycin, Amoxifish, Ossi-C, Timsen, Aquamysine, Virex, Aquakleen, Geolite gold, Oxy Dox F, Polgard plus, Charger gel, Sea weed, Bactisal e Deletix.

Hossain *et al.* (2013) observaram a utilização de medicamentos aquáticos na região de Noakhali: cerca de 40%, 25%, 20% e 15% das incubadoras utilizavam cloranfenicóis, eritromicina, prefurano e oxitetraciclina, respetivamente, na manutenção dos reprodutores para prevenir possíveis infecções bacterianas. 75% das incubadoras pesquisadas utilizaram formalina e 25% utilizaram verde de malaquite como agentes antifúngicos na operação de criação de larvas.

Islam (2013) mencionou que os produtores da região de Khulna usaram Renamicina, Renaquina, Oxisestina, Oxitetraciclina e Cotrim Vet para inibir doenças bacterianas. A maioria dos agricultores da região de Khulna utilizou Renamicina à taxa de 50 mg/kg de peso corporal do camarão durante 10 dias para uma elevada atividade contra doenças bacterianas.

Ahmed *et al.* (2014) mencionou que os peixes entre os tanques tratados com drogas aquáticas e os tanques de controlo, tanto ao nível da BAU como do agricultor, não mostraram quaisquer alterações clínicas notáveis. A histopatologia nos tanques de controlo revelou que a pele, o músculo, o fígado, os rins e as brânquias dos peixes tinham uma estrutura quase normal. No entanto, nos tanques tratados com produtos químicos, os órgãos acima mencionados tinham mudanças patológicas notáveis como necrose, hemorragias, vácuos, picnose, perda parcial de órgãos e hipertrofia.

Islam *et al.* (2014) mencionaram que os agricultores referiram a Eco-solução como eficaz na prevenção de doenças virais. A formalina, o sumithion e a cal também foram considerados úteis para a erradicação de parasitas externos e de doenças fúngicas. A cal também foi utilizada para doenças comuns dos peixes. O Spa foi eficaz tanto no tratamento de doenças como como promotor de crescimento. O Timsen foi considerado como utilizado no tratamento de doenças e como desinfetante.

CAPÍTULO 3

MATERIAIS E MÉTODOS

3.1 Área de estudo

O estudo foi efectuado em sete Upazillas diferentes de cinco distritos diferentes do Bangladesh; nomeadamente os distritos de Khulna, Bagerhat, Narail e Cox's Bazar para a potencial criação de camarões e camarão e o distrito de Mymensingh para a criação de peixes ósseos. As estações de amostragem das áreas costeiras foram Khulna (Dacope e Koyra), Bagerhat (Rampal), Narail (Narail Sadar) e Cox's Bazar (Pekua) e as estações de água doce foram Mymensingh (Trishal e Bhaluka) (Figura 1). Estas zonas foram selecionadas porque contribuem substancialmente para a produção aquícola de água salobra e de água doce, incluindo camarão, gambas e pangus, tilápia, carpa e peixe-gato, respetivamente, bem como vendedores de medicamentos aquáticos e representantes de empresas farmacêuticas.

3.2 Duração

O estudo foi realizado durante um ano, de julho de 2013 a junho de 2014, para determinar o impacto, a produção e o estado sanitário do camarão, do camarão e do peixe.

3.3 Grupo-alvo

As actividades de água costeira e de água doce em Khulna, Bagerhat, Narail, Cox's Bazar e Mymensingh, respetivamente, são bastante diversificadas. Foram recolhidos dados de diferentes grupos-alvo para obter uma imagem global do impacto, da produção e do estado sanitário do camarão, do camarão e do peixe ósseo. Os dados foram recolhidos junto dos produtores de camarão e de peixe, das associações de produtores de camarão e de peixe e dos vendedores de medicamentos. A dimensão da amostra variou consoante os diferentes grupos-alvo, como 12 a 15 produtores, 3 a 4 vendedores de medicamentos ou drogarias e 1 a 2 associações de produtores (Quadro 1).

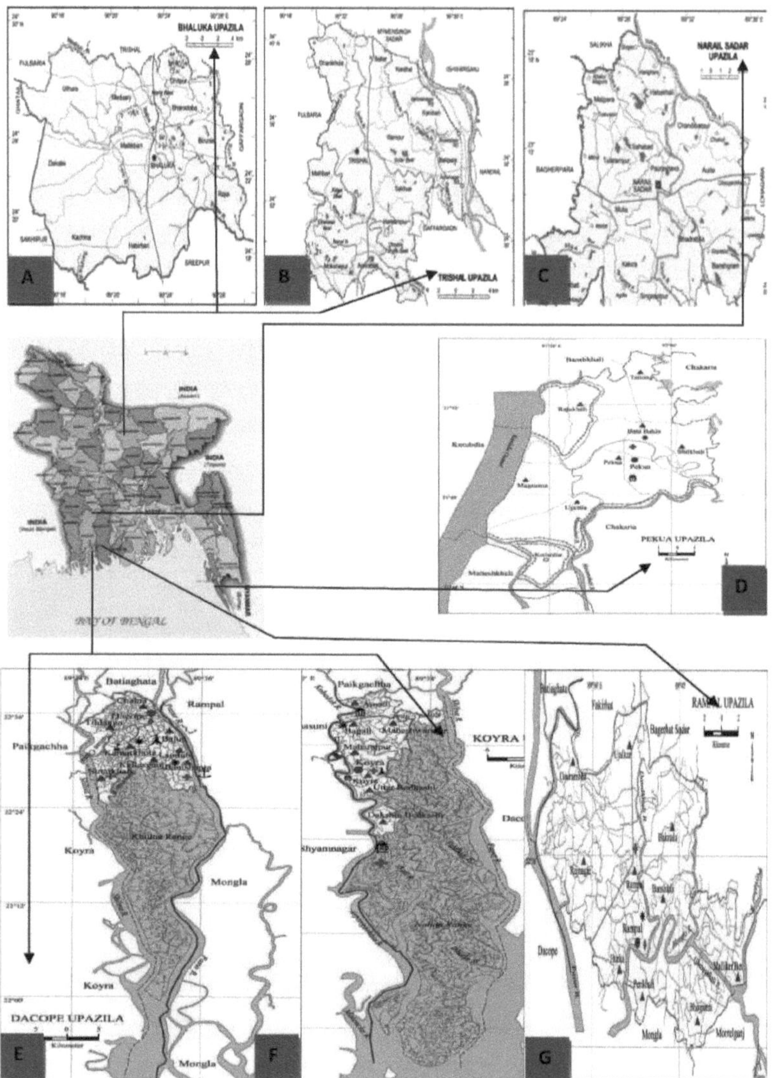

Figura 1. Mapas que mostram as upazillas das áreas de estudo, tais como A. Bhaluka, B. Trishal, C. Narail Sadar, D. Pekua, E. Dacope, F. Koyra e G. Rampal upazilla.

Quadro 1. Grupos-alvo das zonas de estudo

Name of the districts	Sampling stations	Target groups	Sample size
Khulna	Koyra	Farmers	12
		Fish farmers association	2
		Drug sellers	4
	Dacope	Farmers	13
		Fish farmers association	1
		Drug sellers	4
Bagerhat	Rampal	Farmers	15
		Fish farmers association	2
		Drug sellers	3
Narail	Narail Sadar	Farmers	15
		Fish farmers association	1
		Drug sellers	3
Cox's Bazar	Pekua	Farmers	12
		Fish farmers association	1
		Drug sellers	3
Mymensingh	Trishal	Farmers	14
		Fish farmers association	1
		Drug sellers	3
	Bhaluka	Farmers	15
		Fish farmers association	1
		Drug sellers	4

3.4 Preparação do questionário

Foram preparados três tipos de questionários para a recolha de dados. O primeiro questionário foi elaborado para a recolha de dados junto dos agricultores individuais. O segundo questionário foi preparado para a recolha de dados a partir da Discussão em Grupo Focal (FGD) e o terceiro questionário foi desenvolvido para a recolha de dados junto dos vendedores de droga.

3.5 Recolha de dados

Os dados foram recolhidos através de entrevistas por questionário (Figura 2C), contacto pessoal, Avaliação Rural Participativa (ARP) e Discussão em Grupo (FGD) (Figura 2A) com produtores de camarão e de peixe, estudo de mercado e retalhistas de medicamentos para a aquacultura e produtos químicos. Para a entrevista por questionário, foi preparado um conjunto de questionários composto por perguntas fechadas e abertas. Foram realizadas entrevistas individuais com os produtores através de um contacto pessoal aleatório. No total, foram entrevistados pessoalmente 96 agricultores (12 a 15 agricultores de cada zona de amostragem). Foram realizadas FGDs com piscicultores rurais de cada estação de amostragem. Foram realizadas 9 sessões de FGD em diferentes estações de amostragem, com 8 a 12 agricultores em cada grupo de FGD. Foi entrevistado um total de 24 vendedores de droga (Figura 2B), com 3 a 4 vendedores e comerciantes de droga de cada zona.

3.6 Recolha de amostras para controlo sanitário

As amostras foram colhidas no terreno para controlo sanitário através de observação histológica. As amostras de camarão foram colhidas da parte média do músculo e do hepatopâncreas (Figura 2D). As amostras de peixe foram colhidas das brânquias e do fígado (Figura 2E). A amostragem foi efectuada com um bisturi afiado e uma pinça, tendo sido fixadas em formalina neutra tamponada a 10% e conservadas em frascos de plástico transparentes.

Figura 2. A. Sessão de discussão de grupo focal em Rampal, Bagerhat. B. Entrevista a um vendedor de droga em Koyra, Khulna. C. Entrevista pessoal com produtores de camarão em Narail. D. Recolha de amostras para histologia do camarão a nível do campo em Rampal, Bagerhat. E. Recolha de amostras a nível do campo para histologia de peixes em Trishal, Mymensingh. F. Análises laboratoriais (manchas) no laboratório de doenças dos peixes da BAU, Mymensingh.

3.7 Avaliação do impacto

O impacto de diferentes fármacos aquáticos e produtos químicos na saúde e na produção de camarões na aquicultura costeira e interior do Bangladesh foi medido através das observações dos agricultores. Foi comparada a produção de camarão e de peixe entre sistemas de cultura com e sem medicamentos aquáticos e produtos químicos.

3.8 Análises laboratoriais

O estado de saúde do camarão, do camarão e do peixe foi verificado através de análises laboratoriais, para além de observações clínicas. Os camarões e os peixes foram examinados clinicamente através da observação de sinais grosseiros, anomalias, lesões, erosões, cor, manchas no corpo e parasitas externos. Para as observações histológicas, as amostras de camarão, gambas e peixes foram processadas num processador automático de tecidos, coradas com hematoxilina e eosina (Figura 2F), montadas com bálsamo do Canadá e as lâminas foram examinadas num microscópio composto. Em seguida, foram tiradas fotomicrografias com uma câmara fotográfica no Fish Disease Laboratory da BAU, Mymensingh.

3.9 Procedimento de observação histológica

Após a fixação, as amostras preservadas foram retiradas e cortadas com um bisturi até um tamanho de 1 cm³ . As amostras aparadas foram colocadas separadamente em suportes de plástico perfurado e cobertas por tampas de aço perfuradas. A etiquetagem foi efectuada com lápis escuro nos suportes de plástico perfurado. As amostras foram então dispostas numa grelha de aço e processadas através de um processo automático de tecidos ou (SHADON, Citadel 1000) para desidratação, limpeza e infiltração. Foram utilizadas séries alcoólicas de concentração mais elevada, xileno e parafina (3 séries) no processador, mantendo-se em vários horários (Quadro 2).

As amostras foram então embutidas com cera derretida, molde de aço e suporte de plástico perfurado. Foram tomadas as devidas precauções para a colocação e orientação da pele e das brânquias nos moldes de aço durante a inclusão. Após a inclusão, os blocos de parafina foram colocados numa mesa para endurecerem. Os blocos foram então colocados num congelador durante meia hora e, em seguida, os moldes de aço foram separados dos blocos de parafina. O corte foi efectuado na parte lateral e na superfície do bloco com um bisturi e uma máquina micrótomo (Leica JUNG RM 2035). Os blocos embebidos foram então colocados no congelador durante 30 minutos antes da secção final. Após a realização das secções, a fita de secções foi colocada num banho de água (Electrothermal, paraffin-section, mounting bath) a 40°C. Foi selecionada uma secção adequada e separada da fita, que foi finalmente recolhida sobre uma lâmina de vidro. Para fixar a secção, a lâmina preparada foi colocada numa placa quente (37°C) durante uma noite. As secções foram então limpas com xileno, re-hidratadas com uma série alcoólica e coradas com hematoxilina e eosina, passando por vários produtos químicos de diferentes concentrações e tempos (Quadro 3).

Após a coloração, as secções foram montadas com bálsamo do Canadá e cobertas com lamelas. As lâminas preparadas foram deixadas numa plataforma limpa para segurar as lamelas permanentemente e depois examinadas num microscópio composto. As fotomicrografias das secções coradas foram feitas com um fotomicroscópio. Foram efectuadas comparações da estrutura e da patologia dos órgãos entre os tratamentos.

Tabela 2. Processo histológico no processador automático de tecidos

SL. No.	Steps of Process	Time (hour)	Process
1.	50% Methylated Sprit	1	
2.	80% Methylated Sprit	2	
3.	100% Methylated Sprit	2	
4.	100% Methylated Sprit	2	Dehydration
5.	100% Methylated Sprit	2	
6.	100% Alcohol	2	
7.	100% Alcohol	2	
8.	Xylene	2	Cleaning
9.	Xylene	1	
10.	Molten Wax	1	
11.	Molten Wax	2	Infiltration
12.	Molten Wax	2	
	Total	21 hrs.	

Tabela 3. Procedimento de coloração

SL. No.	Steps of process	Time (minute)
1.	Xylene	2 min.
2.	Xylene	2 min.
3.	100% Alcohol	2 min.
4.	100% Alcohol	2 min.
5.	95% Alcohol	2 min.
6.	70% Alcohol	2 min.
7.	Running tap water	2-3 min.
8.	Haematoxyline	5-10 min. (7 min. and check)
9.	Running tap water	2-3 min. (Until blue)
10.	Acid Alcohol	2-3 dips
11.	Weak Ammonia	2-3 dips
12.	Eosin	3-7 min.
13.	70% Alcohol	2-3 dips
14.	95% Alcohol	2 min.
15.	100% Alcohol	2 min.
16.	100% Alcohol	2 min.
17.	Xylene	2 min.
18.	Xylene	2 min.
	Mounting	With Canada balsam (mountant) and cover slips.

CAPÍTULO 4

RESULTADOS

4.1 Categoria de medicamentos aquáticos e produtos químicos utilizados nas zonas de estudo

Durante a presente investigação, foram registadas sete categorias de medicamentos para a água e de produtos químicos utilizados pelos agricultores nas lojas de medicamentos para a água. Tanto nas zonas costeiras como nas interiores, os aquicultores utilizavam produtos químicos classificados como preparação dos tanques e manutenção da qualidade da água, fornecedores de oxigénio, remoção de gases, promotores de crescimento, desinfectantes, antibióticos e tratamento de doenças. Recentemente, algumas explorações comerciais em ambas as regiões utilizaram experimentalmente probióticos como aditivos alimentares, manutenção da qualidade da água e produção.

4.2 Percentagem de medicamentos aquáticos e produtos químicos utilizados nas zonas de estudo

Os agricultores da região da grande Khulna utilizaram 80% e 60% de produtos químicos durante a preparação dos tanques e a promoção do crescimento do camarão. Os agricultores da região de Bagerhat utilizaram 70%, 40% e 40% de produtos químicos na preparação dos viveiros e na gestão da qualidade da água, bem como antibióticos e tratamentos de doenças, respetivamente. Na região de Cox's Bazar, os agricultores utilizaram, respetivamente, 75%, 30% e 35% de produtos químicos na preparação dos viveiros e na gestão da qualidade da água, fornecedores de oxigénio e desinfectantes. Recentemente, a região de Narail tem vindo a concentrar-se na produção de camarão e 50% e 33% dos agricultores utilizam produtos químicos como promotores de crescimento e fornecedores de oxigénio. No caso da aquicultura interior, na região de Mymensingh, 85%, 70% e 62% dos agricultores utilizaram produtos químicos na preparação dos tanques, na promoção do crescimento e no tratamento de doenças, respetivamente (figura 3).

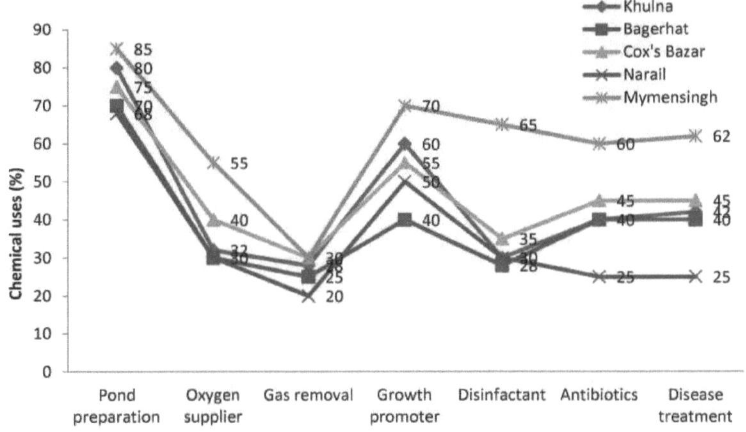

Figura 3. Percentagem de fármacos aquáticos e produtos químicos utilizados na área de estudo.

4.3 Empresas produtoras de medicamentos aquáticos nas zonas de estudo

Verificou-se que 34 empresas farmacêuticas forneciam diferentes medicamentos e produtos químicos para a aquicultura nas áreas de estudo, sendo a maioria dos produtos fornecida por 10 empresas. Estas eram a ACI Animal Health Ltd, a Novarties Pharmaceuticals Ltd, a Square Pharmaceuticals Ltd, a Eon Animal Health Product Ltd, a Acme Laboratories Ltd, a Avon Animal Health Ltd, a Rais Agro Ltd, a Lion Overseas Trading Company, a Organic Pharmaceuticals Ltd e a Penta Agrovet Ltd. O máximo de produtos foi fornecido pela ACI Animal Health Ltd, Organic Pharmaceuticals Ltd e Square Pharmaceuticals Ltd e o mínimo de produtos foi fornecido pela Century agro Ltd, S.S.S Agro care Ltd e Speed Care Ltd. (Quadro 4).

4.4 Impacto dos medicamentos aquáticos e dos produtos químicos em Dacope, Khulna

Os agricultores de Dacope Upazilla utilizaram uma série de compostos tradicionais e novos. Os produtos químicos mais utilizados foram o Zeolite da Acme, o Bio-tuff, o Zeolite plus, a cal e a ureia para a gestão dos tanques, com um impacto positivo de 65-70%, 78-80%, 75-80%, 95-97% e 95-97%, respetivamente. Os agricultores também utilizaram fornecedores de oxigénio como O2 marine, Oxy-flow, Oxymax e Oxy-gold e o mais eficaz foi registado pelo Oxyflow (80%). Aqua boost, Aquamin e Aqua savor tiveram um impacto positivo de 75%, 75% e 68% como promotores de crescimento do camarão, respetivamente. Os aquicultores utilizaram quatro tipos de desinfectantes durante o período de cultivo, tais como BKC, pó branqueador, Emsen e Timsen, com um impacto positivo de 85%, 90%, 85% e 90% na destruição de micróbios e na recuperação de doenças, respetivamente. Os antibióticos mais utilizados foram o Bactitab, Cotrim vet, Oxytetracycline e Renamycine, que tiveram um impacto médio de 60-65% na inibição dos agentes patogénicos. Recentemente, alguns agricultores aplicaram probióticos nos ghers, como Mutagen, Super PS e Zymeine, que tiveram um impacto positivo de 80%, 80% e 85% na inibição de bactérias patogénicas e no aumento da produção, respetivamente (Quadro 5).

Tabela 4. Empresas produtoras de medicamentos aquáticos e respectivos produtos nas áreas de estudo

SL. NO.	Aqua drugs producing companies	Products
01	Acme Laboratories Ltd	Acme's zeolite, Oxy A, Vitamix F aqua and Tetravet 200 WSP
02	ACI Animal Health Ltd	Mega Zeo, Bio care, Bio-Ox, Acimox (Vet.) Powder, Bactitab, Acimix super-fish, AC mix super fish, AQ cell, AQ grow-G, AQ grow–L, AQ grow-P, Aqumin, Ayumin powder, Calfostonic powder, Oxy dox-F and Virex
03	Al Madina Pharmaceuticals Ltd	Pure oxy
04	Annexvet (Pvt.) Ltd.	Zeonex and Diginix aqua
05	Aqua marketing Companies	Shrimp safe powder and Aqua-z gold
06	Avon Animal Health Ltd	Bis zeolite, Supure Zeolite and Oxygen plus
07	Biotic Corporation Ltd.	Biolite plus and Aquamin
08	Bismillah Enterprise Ltd.	Fish grow
09	Biswas Agrovet Ltd.	Alpha zeolite
10	Century Agro Ltd.	Oxygrow
11	CP Aquaculture	C-150, Mutagen, pH fixer, Super Biotic, Super PS and Zymetine
12	Ellwellas	Protacide
13	Eon Animal Health Product Ltd	JV Zeolite, Bio Aqua, Timsen, Efinol, Oxymax, Aqua savor and Fibosole
14	Fish World Ltd	Geo top and Aqua cleaner plus
15	Fishtech Ltd	Oxy-Gold, Deletix and Chargergel
16	Lion Overseas Trading Company Ltd.	Aquazet, Omicide and Machalemen
17	M.R. Food and Protein Industries	Fish Curepas
18	M/S Shinzon Traders Ltd.	Nature's gift liquid gold
19	National Agricare Ltd.	Zeolite
20	Nature Care	Zeocare, Lenocide, O-plus and Nature care GP
21	Navana Animal Health	Oxy plus and Oxin WS
22	Novartis Pharmaceuticals	Geotox, Oxyflow, Oxysentin 20%, Chlorsteclin, Aquaboost, Classic aqua-Z plus powder and Ammonil
23	Nutria Health Ltd.	Aqua-Z powder and Oxy top
24	Organic Pharmaceuticals Ltd	Green Zeolite, Bio-Tuff, Water clear, O_2-Marine, Quick oxygen, Orgamycin 15%, Orgacycline 15%, Orgavit aqua, Aqua gold, Eco marine and Ecomax
25	Penta Agrovet Ltd.	Pathocide, Oxy-plus, Zeolite plus and Growmax
26	Rals Agro Ltd.	Pontox plus, Microdine Iodine 20%, Oxysun, Fish cure, Fish vita plus, Grow fast and Procon-PS
27	Renata Pharmaceuticals Ltd.	Renamycin and Renamox
28	S.S.S Agro Care Ltd.	Fish care powder
29	SK+F Bangladesh Ltd.	Well Zeolite, Emsen and Oxy more
30	Speed Care Ltd.	Fish safe
31	Square Pharmaceuticals Ltd.	Contrim vet Bolus, Otetra vet powder, Sulfatrim, Cevit ver, Vitamin premix, Gas trap, Oxy life, Penamin, Aqua clean, Panvit aqua and Square aqua mix
32	Syngenta	Benzo, Albez and Spa
33	Tushin Agro Pharma Ltd.	Diamond fish
34	Univet Ltd.	Best oxygen, Major zeolite and Golden Bac

Quadro 5. Impacto dos medicamentos aquáticos e dos produtos químicos em Dacope, Khulna

Category	Drugs/Chemicals/ Trade name	Dose	Purpose of use	Effectiveness (%)
Pond preparation, gas removal & water quality management	Acme's Zeolite	7kg/ 33 dec. every 15 days	To improve soil & water quality	65-70
	Agricultural lime	6-10 ppm	To maintain pH	60-65
	Bio-tuff	Pond preparation & culture 15-20kg & 7-10kg/acre	To improve soil & water quality	65-70
	JV Zeolite	Pond preparation & culture 7 kg/33dec & 3.5Kg/33 dec.	To improve soil & water quality	65-70
	Lime	1-1.5 kg/dec	To maintain pH and water quality	95-97
	Urea	100-150g/dec	Proliferation of algae	95-97
	Zeolite plus	20-30 kg/acre	To improve soil & water quality	70-75
Oxygen suppliers	Bio-ox	2.50-5g/acre	Oxygen supplementation	60-65
	O_2 marine	33-40 tab/33dec	Oxygen supplementation	60-65
	Oxymax	250-500g/acre	To increase DO	72-75
	Oxy-flow	250-350g/acre	Oxygen supplementation	75-80
	Oxy-gold	250-350g/acre	To increase DO	75-80
Disinfectants	BKC	0.5 ppm	Disinfection	85-90
	Bleaching	250-350g/acre	Disinfection	90-95
	Emsen	20g/33 dec	Disinfection	85-90
	Timsen	20g/33 dec	To kill microbes	90-95
Growth promoters	Aqua boost	500g/mt feed	To increase organic acid in feed composition, β-glucan	75-80
	Aqua savor	2-3 kg/mt feed	To increase protein % in feed	68-70
	Aquamin	200g/100kg feed	Used in vitamin deficiency	75-78
	Cevit vet	25mg/kg feed	Used in vitamin C deficiency	75-80
	Growmax	2.5 kg/ton feed	Used in vitamin, mineral & protein deficiency	65-70
	Megavit aqua	100g/kg feed	Vitamin, mineral & protein supplementation	75-80
Probiotics	Mutagen	5g/kg	For better health	80-82
	Super PS	4-6 L/ acre	To improve soil quality and reduce toxic gas from bottom.	80-82
	Zymetine	5g/kg	To inhibit pathogen	80-85
Antibiotics	Bactitab	50g/ kg body weight	To inhibit pathogenic bacteria	65-68
	Cotrim Vet	.5g/kg feed	To inhibit pathogenic	60-65
	Oxytetracycline	1g/kg feed	To increase resistance capacity	65-70
	Renamox	30g	To increase resistance capacity	65-70

4.5 Impacto dos medicamentos aquáticos e produtos químicos em Koyra, Khulna

Os agricultores de Koyra upazilla usaram produtos químicos durante a preparação dos tanques e a promoção do crescimento do camarão. Observou-se que Acimix super fish, Aqua boost, Cevit vet e Megavit aqua tiveram impactos positivos de 70%, 70%, 75% e 75% no crescimento e produção do camarão, respetivamente. Foi registado que foram utilizados sete tipos de produtos químicos durante a preparação do tanque e a remoção de gás. Acmes geolite, Benzo, Geotox e Zeolite tiveram 60%, 55%, 70% e 75% de impactos positivos como remoção de gás, respetivamente. Quando o oxigénio dissolvido (DO) do tanque ou do aquário diminuiu subitamente, os agricultores utilizaram Oxyflow, Quick oxygen e Oxy plus com impactos positivos de 75%, 70% e 75% no aumento do DO, respetivamente. Os agricultores também utilizaram produtos químicos para desinfetar os equipamentos e os desinfectantes mais utilizados foram o pó branqueador, a formalina, a cal, o Timsen e o Emsen, com uma recuperação média de 90-97%. Os agricultores utilizaram antibióticos como Oxy tetracycline, Renamox e Renamicin para inibir os agentes patogénicos, mas tiveram um impacto médio de 60-65% na recuperação da doença (Quadro 6).

4.6 Impacto dos medicamentos aquáticos e dos produtos químicos em Narail Sadar upazilla

Durante a preparação do tanque e a gestão da qualidade da água, os agricultores utilizaram tradicionalmente Erne, ureia e TSP para a proliferação de algas e os impactos positivos da utilização dos medicamentos foram de 97%, 90% e 94%, respetivamente. Os agricultores também utilizaram alguns medicamentos comerciais como Geotox, Zeolite e Zeocare, com impactos positivos de 75%, 75% e 68% na remoção de gases, respetivamente. Os produtos químicos mais utilizados foram o Bio-ox, o Oxy-flow e o Oxymax, com impactos positivos de 72%, 75% e 70% no aumento do OD, respetivamente. Como desinfectantes do equipamento, os agricultores utilizaram pó de branqueamento, Timsen e cal, entre os quais o Timsen apresentou a maior capacidade de desinfeção, com 95%. Aqua boost, Aquamin, Panvit aqua e Megavit aqua tiveram impactos positivos de 75%, 76%, 80% e 82% no crescimento, respetivamente. Os agricultores também utilizaram antibióticos como Oxy tetracycline, Renamox e Renamycine, que tiveram 65%, 60% e 65% de recuperação da doença, respetivamente (Quadro 7).

Quadro 6. Impacto dos medicamentos aquáticos e produtos químicos em Koyra, Khulna

Category	Drugs/Chemicals/ Trade name	Dose	Purpose of use	Effective-ness (%)
Pond preparation, gas removal & water quality management	Acme's Zeolite	7kg/ 33 dec. every 15 days	To improve soil & water quality	60-65
	Aquazet	20-30 kg /acre	To improve soil & water quality	60-65
	Benzo	200 g/acre	Disinfection and pH maintenance	55-60
	Geotox	20-25Kg/100 dec.	To remove gas	70-75
	Lime	1-1.5 kg/dec	Disinfection and pH maintenance	95-98
	Zeocare	20-30 kg/acre	To improve water quality	65-70
	Zeolite	20-30 kg/acre	To remove gas & improve water quality	75-80
Oxygen suppliers	O_2-Marine	33-40 tab/33dec	To supply instant oxygen	60-65
	Oxy plus	500g/acre	To increase DO	70-75
	Oxy-flow	250-350g/acre	Oxygen supplementation	75-80
	Oxy-gold	250-350g/acre	To increase DO	65-70
	Quick oxygen	250-300g/acre	To supply instant oxygen	70-75
Disinfectants	Bleaching	250-350g/acre	To Kill microbes	95-98
	Formalin	1-3 ppm	Disinfection	90-92
	Lime	1 kg/ dec	Disinfection	95-98
	Timsen	20g/33 dec	To prevent bacterial and fungal infections	92-95
	Emsen	20g/33 dec	To prevent bacterial and fungal infections	92-95
Growth promoters	Acimix super fish	1kg/ton feed	Vitamin supplementation	70-72
	AQ cell	1-2g/kg feed	Vitamin, mineral & protein supplement	65-70
	Aqua boost	500g/mt feed	To increase organic acid in feed composition & β-glucan	70-75
	Aqua savor	2-3 kg/mt feed	To increase protein % in feed	65-70
	Cevit vet	25mg/feed	Used in vitamin C deficiency	75-80
	Megavit aqua	100g/kg feed	Vitamin, mineral & protein supplementation	75-80
Antibiotics	chlorsteclin	300g/100kg feed	To inhibit virus	60-62
	Oxytetracycline	50g/kg body weight	To inhibit pathogenic	65-70
	Ranamox	30g/100kg feed	To increase resistance	60-65
	Renamicin	30g/100kg feed	Increase resistance capacity	60-65

Quadro 7. Impacto dos medicamentos de origem aquática e dos produtos químicos em Narail Sadar upazilla

Category	Drugs/Chemicals/ Trade name	Dose	Purpose of use	Effectiveness (%)
Pond preparation, gas removal & water quality management	Geotox	20-25kg/100dec	To remove gas	75-80
	Lime	1-1.5 kg/dec	Disinfection and pH maintenance	95-98
	Rotenone	40g/dec	To kill predators	95-98
	TSP	100-150 g/dec	Proliferation of algae	90-95
	Urea	100-150g/dec	Proliferation of algae	90-95
	Zeocare	20-30 kg/acre	To improve water quality	68-70
	Zeolite	20-30 kg/acre	To remove gas & improve water quality	75-80
Oxygen suppliers	Bio- Ox	2.50-5g/acre	To supply instant oxygen	72-75
	Oxyflow	250-350g/acre	Oxygen supplement	75-78
	Oxymax	250-500g/acre	To increase DO	70-72
Disinfectants	Emsen	20g/33 dec	Disinfection	95-98
	Lime	1 kg/dec	Disinfection	92-95
	Timsen	20g/33 dec	To kill microbes	95-98
Growth promoters	Aqua boost	500g/mt feed	To increase organic acid in feed composition & β-glucan	75-80
	Aquamin	200g/100kg feed	Used in vitamin deficiency	75-80
	Panvit aqua	1-2mg/kg feed	Vitamin, mineral & protein supplementation	78-80
	Megavit aqua	100g/100kg feed	Vitamin, mineral & protein supplementation	80-82
Antibiotics	Oxytetracycline	1g/kg feed	To increase resistance capacity	65-70
	Renamox	30g/100kg feed	To increase resistance capacity	60-65
	Renamycine	1g/kg feed	To increase resistance capacity	65-70

4.7 Impacto das drogas aquáticas e dos produtos químicos em Rampal, Bagerhat

Alguns produtores usaram promotores de crescimento como Civet vet, Megavit aqua e Aqua boost, que tiveram um impacto médio de 70-80% no crescimento do camarão. Registou-se que os aquicultores utilizaram quatro tipos de fornecedores de oxigénio, tais como Oxyflow, Oxymax, O2 marine e Bio-ox, entre os quais o Oxyflow teve o maior impacto positivo, de 75%, no aumento do OD. Os produtores utilizaram três tipos de antibióticos: Amoxicilina, Orgacycline e Oxy tetracycline, sendo que o Oxy tetracycline teve a maior recuperação de 70% contra os agentes patogénicos e aumentou a resistência do camarão. Para remover o gás do fundo do tanque, os agricultores usaram Aquazet, Benzo, Bio tuff e Zeolite plus, que tiveram impactos positivos de 65%, 60%, 65% e 70%, respetivamente. Os produtores usaram desinfectantes como Emsen, cal e Timsen, que tiveram impactos positivos de 95%, 92% e 95%, respetivamente, na desinfeção (Tabela 8).

4.8 Impacto das drogas aquáticas e dos produtos químicos em Pekua, Cox's Bazar

A partir da presente investigação, concluiu-se que 24 tipos de produtos químicos foram utilizados pelos produtores durante o período de cultivo de camarão. Os produtores usaram cal, Zeolite plus e Benzo durante a preparação do tanque, que tiveram 95%, 70% e 50% de impactos positivos, respetivamente. Os produtores também usaram Ammonil, Aquazet, Bio- tuff e JV Zeolite, que tiveram 65%, 55%, 60% e 70% de impactos positivos na remoção de gás, respetivamente. Para aumentar o OD, os agricultores utilizaram O2-Marine, Oxy plus, Oxy A, Oxyflow e Oxymax, enquanto Oxyflow e Oxymore tiveram o maior impacto positivo, 80%. Foram utilizados cinco tipos de promotores de crescimento, como AQ cell, AQ grow G, Aquamin, Cevit vet e Megavit aqua, entre os quais Megavit aqua e Cevit vet tiveram o maior impacto de 75%. Para inibir as infecções bacterianas e virais, os agricultores utilizaram Renamicin, Orgamicin e Chlorsteclin, que tiveram um impacto positivo de 65%, 60% e 60%, respetivamente (quadro 9).

Quadro 8. Impacto das drogas aquáticas e dos produtos químicos em Rampal, Bagerhat

Category	Drugs/Chemicals/ Trade name	Dose	Purpose of use	Effective-ness (%)
Pond preparation, gas removal & water quality management	Aquazet	20-30 g/acre	To remove gas & improve water quality	65-70
	Benzo	200 g/acre	Disinfection and pH maintenance	60-65
	Bio-tuff	15-20kg & 7-10kg/acre	To remove gas & improve water quality	60-65
	Lime	1-1.5 kg/dec	Disinfection and pH maintenance	92-95
	TSP	100-150 g/dec	Proliferation of algae	90-95
	Zeolite Plus	20-30Kg/acre	To remove gas & improve water quality	70-75
Oxygen suppliers	Bio- Ox	2.50-5g/acre	To supply instant oxygen	55-60
	Oxyflow	250-350g/acre	Oxygen supplementation	70-75
	Oxymax	250-500g/acre	To increase DO	60-65
	O_2 marine	33-40 tab/33dec	To supply instant oxygen	55-60
Disinfectants	Bleaching	250-350g/acre	Disinfection	95-98
	Formalin	1-3 ppm	Disinfection	85-89
	Lime	1 kg/dec	Disinfection	90-95
Growth promoters	Acemix super fish	1kg/ton feed	Vitamin supplementation	70-72
	Aqua boost	500g/mt feed	To increase organic acid in feed composition & β-glucan	70-75
	Cevit vet	25mg/feed	Used in vitamin C deficiency	75-80
	Megavit aqua	100g/100kg feed	Vitamin, mineral & protein supplementation	75-80
Antibiotics	Amoxicillin	1g/kg feed	To inhibit bacterial infection	60-62
	Orgacycline	200-300g/100kg feed	To inhibit bacterial infection	60-62
	Oxytetracycline	1g/kg feed	To increase resistance	65-70

Quadro 9. Impacto dos medicamentos aquáticos e dos produtos químicos em Pekua, Cox's Bazar

Category	Drugs/Chemicals / Trade name	Dose	Purpose of use	Effective-ness (%)
Pond preparation & water quality management	Ammonil		To remove gas	65-70
	Aquazet	20-30 g/acre	To remove gas & improve water quality	55-60
	Benzo	200 g/acre	Disinfection & pH maintenance	50-55
	Bio-tuff	15-20kg & 7-10kg/acre	To remove gas & improve water quality	60-65
	JV Zeolite	7kg/33dec	Soil & water quality maintenance	70-75
	Lime	1-1.5 kg/dec	Disinfectant, pH maintenance	95-98
	Zeolite Plus	20-30Kg/acre	To remove gas & improve water quality	70-75
Oxygen suppliers	O_2-Marine	33-40 tab/33dec	To increase DO	65-70
	Oxy plus	500g/acre	To supply instant oxygen	65-70
	Oxy-A	500g/acre	To supply instant oxygen	65-70
	Oxyflow	250-350g/acre	To increase DO	80-85
	Oxymax	250-500g/acre	To increase DO	80-85
Disinfectants	Bleaching	250-350g/acre	Disinfection	95-98
	EDTA	0.1-1 ppm	Disinfection	92-95
	Timsen	20g/33 dec	To kill microbes	95-98
Growth promoters	AQ cell	1-2g/feed	To increase growth through Ca, P & vitamin	65-68
	AQ grow G	1-3mg/feed	Herbal growth factor	65-70
	Aquamin	200g/100kg feed	Used in vitamin deficiency	70-75
	Cevit vet	25mg/feed	Used in vitamin C deficiency	75-80
	Megavit aqua	100g/100kg feed	Vitamin, mineral & protein supplementaton	75-80
Antibiotics	Amoxiciline	1g/kg feed	To inhibit bacterial infection	60-62
	Chlorsteclin	200-300g/100kg feed	To inhibit virus	60-62
	Orgacycline	200-300g/100kg feed	To increase resistance capacity	60-65
	Orgamycine	60g/100kg feed	To inhibit bacterial infection	6065
	Renamicin	30g/100kg feed	To increase resistance	65-70

4.9 Impacto dos medicamentos aquáticos e produtos químicos em Trishal upazilla e Bhaluka upazilla em Mymensingh

A partir da presente investigação, registou-se que existiam 44 tipos de medicamentos para a água e produtos químicos nas farmácias, que também eram utilizados pelos agricultores de Trishal e Bhaluka upazillas. Para remover os gases e manter a qualidade da água, os agricultores utilizaram vários tipos de produtos químicos, como Alpha Zeolite, Zeolite, Aquazet, Geotox, JV Zeolite, Pontox plus, Zeocare e Zeolite plus, com impactos positivos de 75%, 85%, 75%, 80%, 80%, 70%, 75%, 75% e 85%, respetivamente. Os agricultores utilizaram oito tipos de fornecedores de oxigénio, tais como Bio-ox, Gasonex, O2- Marine, Oxy plus, oxyflow, Oxymax e Pure oxy, com impactos positivos de 80%, 75%, 75%, 85%, 85%, 85% e 80%, respetivamente. Vários tipos de antibióticos, como Bactitab, Renamycin, Orgamycin 15%, Orgacycline, tiveram uma recuperação média de 65-85% contra infecções bacterianas e virais. Os piscicultores usaram dez tipos de desinfectantes, nomeadamente EDTA, Timsen, Emsen, limpador de água e formalina, sendo que Timsen e Emsen tiveram o maior impacto de 95%. Acemix super fish, Aqua Boost, Aqua Savor e Megavit aqua foram usados para melhorar o crescimento do camarão, enquanto Civet vet e Megavit aqua tiveram o maior impacto de 85% (Tabela 10).

4.10 Impacto das drogas aquáticas e dos produtos químicos na saúde e nas doenças dos camarões

4.10.1 Região de Khulna

Na região de Khulna, os agricultores utilizaram diferentes tipos de medicamentos para o tratamento de doenças virais, bacterianas e protozoárias. Não existem tratamentos para a doença da mancha branca (WSD) e a doença da cabeça amarela (YHD), embora os agricultores tenham utilizado verde de malaquite, azul de metileno, pó de branqueamento e permanganato de potássio (KM11O4) para o tratamento da WSD, mas não obtiveram qualquer recuperação; no entanto, o permanganato de potássio (KMnCU), a solução ecológica, o azul de metileno, o Basudin e o Timsen obtiveram uma recuperação média de 20-25% na YHD (quadro 11).

Quadro 10. Impacto dos medicamentos aquáticos em Trishal e Bhaluka, Mymensingh

Category	Drugs/Chemicals/ Trade name	Dose	Purpose of use	Effective-ness (%)
Pond preparation, gas removal & water quality management	Alpha Zeolite	20-30 kg /acre	To improve Soil & water quality	70-75
	Aquazet	20-30 kg /acre	To improve Soil & water quality	7075
	Geotox	20-25Kg /100 dec.	To remove gas	75-80
	Green Zeolite	20-25 Kg/100 dec.	To remove gas	70-75
	JV Zeolite	7 kg/33dec.	To improve Soil & water quality	76-80
	Lime	1kg/dec.	Disinfection & pH maintenance	95-98
	Pontox plus	15 kg/100 dec.	pH maintenance	65-70
	Zeocare	20-30 kg/acre	To improve Soil & water quality	70-75
	Zeolite	20-30 kg/acre	To remove gas	80-85
	Zeolite Plus	20-30Kg/acre	To improve Soil & water quality	80-85
Oxygen suppliers	Bio- Ox	2.5-5.0 g/acre	To increase DO	80-85
	Gasonex (+)	250-500 g/acre	To supply instant oxygen	75-80
	O_2-Marine	33-40 Tab./33dec.	To increase DO	75-80
	Oxy plus	500 g/acre	To increase DO	85-90
	Oxyflow	250-350 g/acre	To increase DO	85-90
	Oxymax	250-500gm/acre	To increase DO	85-90
	Oxymore	250-500 g/acre	To increase DO	85-90
	Pure Oxy	250-500gm/acre	To increase DO	80-85
Disinfectants	EDTA	0.1-1 ppm	Disinfection & to kill microbes	85-90
	Bleaching	60 ppm	Disinfection & to kill microbes	95-98
	Timsen	20 g/33dec.	To kill microbes	95-98
	Emsen	80 g/33 dec.	To kill microbes	95-98
	Water clear	2-3 L/100 dec.	Water Purification	75-80
	Omicide Benzyl	200 ml/33dec	Disinfection & to kill microbes	75-80
	Microdine-Iodine	2-2.5 L/acre	Disinfection & to kill microbes	70-75
	Formalin	1-3 ppm	To inhibit pathogen	80-85
	BKC	0.5 ppm	Disinfection & to kill microbes	80-85
	Efinol	5-8 g/1000 Liter	Disinfection & to kill microbes	75-80
Growth promoters	Acemix super fish	1kg/ton fish	Vitamin supplementation	75-80
	Aqua Boost	500 g/MT feed	To increase organic acid in feed composition & β-glucan	85-90
	Aqua Savor	2-3 kg /Ton feed	To increase protein % in feed	80-85
	Cevit vet	25mg/feed	Used in vitamin C deficiency	85-90
	Hepaprotect-Aqua	100g/100 kg feed.	To increase protein % in feed	70-75
	Megavit aqua	100g/100kg feed	Vitamin, mineral & protein supplementation	80-85
	Nutricell Aqua	100 g/100 kg feed	Vitamin supplementation	70-75
	Rapid Grow	50 g/100 kg feed	Vitamin supplementation	70-75
Antibiotics	Bactitab	50 g/kg weight	To inhibit bacterial infections	70-75
	Chlorsteclin	300 g/100 Kg feed	To inhibit virus	75-80
	Orgacycline-	200g/10 kg feed	To treat EUS affected fish	85-90
	Orgamycin 15%	60 gm/100 kg feed	To treat EUS affected fish	85-90
	Oxy-D Vet	1 g/4 Kg feed	To inhibit bacterial infections	75-80
	Oxysentin	200 g/100 kg feed	To treat EUS affected fish	80-85
	Ranamox	40 g/100 bd of fish	To inhibit bacterial infections	80-85
	Renamycin	30 g/100 kg feed,	To inhibit bacterial infections	80-85

Os agricultores utilizaram renamicina, oxitetraciclina, cal, sal e permanganato de potássio (KMnO4) para o tratamento de doenças bacterianas, com uma recuperação média de 50-55%. Os agricultores utilizaram formalina, ácido oxolínico, sarafloxacina, renamicina, oxitetraciclina, cal e sal, que tiveram uma média de 25-30% de recuperação da doença do camarão do algodão, mas não tiveram qualquer impacto positivo na doença das guelras negras (Quadro 11).

4.10.2 Região de Cox's Bazar

Durante o presente inquérito, na região de Cox's Bazar, os agricultores utilizaram vários medicamentos aquáticos e produtos químicos para o tratamento de doenças virais, bacterianas e fúngicas. Os agricultores utilizaram verde de malaquite, permanganato de potássio $(KMnO4)_z$ e Timsen para o tratamento da doença de WSD, mas não obtiveram qualquer recuperação. Para a doença por Baculovírus Monodon (MBVD), os agricultores utilizaram Eco solution, azul de metileno e Basudin, com uma recuperação média de 15-20% (quadro 11). Os agricultores utilizaram Renamox, Oxitetraciclina, Formalina e Sal, que tiveram uma recuperação média de 25-30% no tratamento de doenças bacterianas. Os agricultores também utilizaram Renamicina, cal, sal e permanganato de potássio (KMnO4) para o tratamento de doenças de incrustações superficiais, com uma média de 40-45% de recuperação (Quadro 11).

4.11 Impacto dos medicamentos aquáticos na saúde e nas doenças dos peixes em Mymensingh

4.11.1 Trishal upazilla

Na presente investigação, em Trishal upazilla, foram detectadas em pangus as doenças EUS, Edwardsiellosis e Fin rot. Os agricultores utilizaram Zeolite, Gastab, Timsen Renamycin e Polgard plus para o tratamento da EUS, com uma recuperação média de 75-80%. Renamycin, Timsen, Ossi-C e Polgard plus foram utilizados no tratamento da Edwardsiellosis, com uma média de 75-80% de recuperação. Os agricultores utilizaram cal e sal para o tratamento da doença das raízes finas do pangus, com uma média de 60-65% de recuperação (quadro 12).

Quadro 11. Impacto dos medicamentos aquáticos na saúde e na doença dos camarões

Study area	Disease name	Disease symptoms	Drug and dose	Recovery (%)
Khulna and Bagerhat regions	White Spot Disease (WSD)	White spots or patches, on the inside of the shell and carapace.	Malachite green 10g/dec Methylene blue 10g/dec Bleaching powder 60ppm KMnO₄ 0.1-0.2 ppm	------
	Yellow Head Disease (YHD)	Pale bodies, a swollen cephalothorax with a light yellow to yellowish hepatopancreas.	KMnO₄ 0.1-0.2 ppm Eco solution 0.1-0.2 ppm Methylene blue 10g/dec Basudin 150g/33dec Timsen 80 gm/33 dec	20-25
	Vibriosis	Reddish discoloration of juvenile shrimp, black spots, chronic soft shelling.	Renamycin 5g/kg feed Oxytetracycline 1g/kg feed Lime 0.5-1kg/dec Salt 0.5-1kg/dec KMnO₄ 0.1-0.2 ppm	50-55
	Black Gill Disease	Brownish to blackish discoloration on the gills of juvenile shrimp.	Formalin 100-200 ppm Oxolinic acid 0.6 ppm Sarafloxacin 5 mg/kg feed Timsen 80 gm/33 dec	-----
	Cotton shrimp disease or Milk shrimp disease	Infected shrimps appear opaque and cooked. Gradual and low levels of mortalities are observed.	Renamycin 5g/kg feed Oxytetracycline 1g/kg feed Lime 0.5-1kg/dec Salt 0.5-1kg/dec KMnO₄ 0.1-0.2 ppm Eco solution 0.1-0.2 ppm	25-30
Cox'sBazar region	Monodon Baculovirus (MBV)	Lethargy, anorexia, poor feeding, dark coloration and reduced growth rate.	Eco solution 0.1-0.2 ppm Methylene blue 10g/dec Basudin 150g/33dec Timsen 80 gm/33 dec	15-20
	White Spot Disease (WSD)	White spots, on the inside of the shell and carapace,	Malachite green 10g/dec KMnO₄ 0.1-0.2 ppm Timsen 80 gm/33 dec	---
	Vibriosis	Reddish discoloration of juvenile shrimp, black spots, chronic soft shelling.	Renamox 5g/kg feed Oxytetracycline 1g/kg feed Salt 0.5-1kg/dec KMnO₄ 0.1-0.2 ppm Formalin 100-200 ppm	25-30
	Surface Fouling Diseases	Infected shrimps show black/brown gills or appendage discoloration or cottony appearance.	Renamycin 5g/kg feed Oxytetracycline 1g/kg feed Lime 0.5-1kg/dec Salt 0.5-1kg/dec KMnO₄ 0.1-0.2 ppm Eco solution 0.1-0.2 ppm	40-45

No entanto, nas tilápias afectadas pela Dropsia, os agricultores utilizaram Renamycin, Polgard plus e Ossi-C, que tiveram uma média de 80-85% de recuperação. Os agricultores também usaram

Renamycin, Polgard plus e Ossi-C para o tratamento de EUS de tilápia, que teve uma média de 80-85% de recuperação. Os agricultores utilizaram Aquamicina, Ossi-C e Polgard plus para o tratamento de carpas afectadas pela SUE, com uma recuperação média de 80-85%. Para o tratamento da Edwardsiellosis em carpas, os agricultores utilizaram Renamycine e Ossi-C, com uma recuperação média de 65-70% (quadro 12).

4.11.2 Bhaluka upazilla

Em Bhaluka upazilla, os agricultores utilizaram permanganato de potássio (KMnO^, Renamycine, Cyprocine e Cotrim Vet para o tratamento de EUS em pangus, que teve uma média de 80-85% de recuperação. Contudo, na doença do olho de Pop dos pangus, os agricultores utilizaram Renamycine e, na doença da raiz da barbatana, os agricultores utilizaram cal e sal, com uma média de 70-75% de recuperação. Os agricultores também utilizaram Livabid e cloreto de colina para o tratamento da deposição de gordura abdominal dos pangus, com uma recuperação de 55-60%. Nos carpas afectados pela mancha branca, os agricultores utilizaram Aquamix, Lime, Salt e Vitamix, que tiveram uma média de 70-75% de recuperação. A Renamicina, o Polgard plus e o Ossi-C foram utilizados para o tratamento da Edwardsiellosis da carpa, com uma recuperação de 75-80%. Embora os agricultores tenham utilizado a Renamicina, o Polgard plus, o Ossi-C e a Aquamicina para o tratamento das doenças EUS e das manchas brancas das tilápias, que registaram uma recuperação média de 75-80% (quadro 12).

Quadro 12. Impacto dos medicamentos aquáticos na saúde e nas doenças dos peixes em Mymensingh

Study areas	Species	Diseases	Drugs/chemicals with dose	Recovery (%)
Trishal	Pangus	EUS	Zeolite 200g/dec Gastab 2-3g/dec Timsen 0.6g/dec Cotrimvet 2g/kg feed	75-80
		Edwardsiellosis	Renamycin 5g/kg feed Timsen 80 gm/33 dec Ossi-C 3 gm/kg feed Polgard plus 5 ml/decimal	75-80
		Fin root	Lime 0.5-1 kg/dec Salt 0.5-1 kg/dec	60-65
	Tilapia	EUS	Renamycin 50mg/kg body weight Polgard plus 500 ml/acre Ossi-C 3 g/kg feed	80-85
		Dropsy	Aquamycine 1-2 g/feed Ossi-C 3 g/kg feed	80-85
	Koi	Edwardsiellosis	Renamycin 5g/kg feed Ossi-C 3 gm/kg Polgard plus 5 ml/decimal	65-70
		EUS	Aquamycine 1-2 gm/feed Ossi-C 3 g/kg feed Polgard plus 5 ml/decimal	80-85
Bhaluka	Pangus	EUS	$KMnO_4$ 3kg/dec Renamycine 5g/kg feed Cotrimvet 2g/kg feed Revoflavin 50 tab/kg feed Tetravet 5g/kg feed Fish curapus 20g/dec	80-85
		Edwardsiellosis	Renamycin 5g/kg feed Ossi-C 3 g/kg feed Polgard plus 5 ml/decimal Geolite gold 200-250 g/decimal	75-80
		Fin rot	Lime 0.5-1 kg/dec Salt 0.5-1 kg/ dec	70-75
		Pop eye	Renamycine 5g/kg feed	70-75
		Fat deposition	Livabid 10ml/kg feed Cholin chloride 10ml/kg feed	50-55
	Tilapia	EUS	Renamycin 50 mg/kg body weight Ossi-C 3 g/kg feed	75-80
		White spot	Lime 0.5-1kg/dec Salt 0.5-1kg/dec Aqua mix 5g/kg feed Vita mix-F-Aqua5g/kg feed	75-80
	Koi	Edwardsiellosis	Renamycin 5g/kg feed Ossi-C 3 g/kg Polgard plus 5 ml/decimal	75-80
		White spot	Lime 0.5-1kg/dec Salt 0.5-1kg/dec Aqua mix 5g/kg feed Vita mix-F-Aqua5g/kg feed	70-75

4.12 Aspeto clínico do camarão nas regiões costeiras

Em Dacope upazilla, os camarões apresentavam-se normalmente saudáveis nas anilhas de controlo (sem tratamento químico) (Figura 4A), no entanto, os camarões afectados pela WSD apresentavam manchas brancas e uma ligeira descoloração nas anilhas tratadas (Figura 4B). Em Koyra upazilla, os camarões eram normais e saudáveis, com uma ligeira coloração amarelo-esverdeada nos filtros de controlo (Figura 4C), ao passo que os camarões afectados pela WSD foram encontrados em Koyra após a chuva (Figura 4D). O camarão de Narail apresentava um aspeto normal no tanque de controlo (Figura 4E), ao passo que a cor amarela e desbotada no tanque tratado (Figura 4F). O camarão de Rampal apresentava um ligeiro esverdeado no tanque de controlo (Figura 4G), mas uma cor amarela a desbotada no tanque tratado (Figura 4H). Em Pekua, os camarões eram esverdeados e mais escuros no tanque de controlo (Figura 41), ao passo que os camarões tratados estavam desbotados a ligeiramente amarelados (Figura 4J).

4.13 Aspeto clínico dos peixes na região de Mymensingh

Em Trishal upazilla, os pangus tratados quimicamente tinham um aspeto normal e saudável (figura 5A), no entanto, os pangus tratados quimicamente de Bhaluka upazilla eram avermelhados e tinham os olhos inchados (doença do olho de Pop) (figura 5B). Em Trishal upazilla, a podridão das barbatanas dos pangus foi observada em tanques tratados quimicamente (figura 5C). Em Trishal upazilla encontrou-se catla afetada pelo Síndroma Ulcerativo Epizoótico (SUE) com lesões avermelhadas no lado dorsal em tanques tratados com produtos químicos (Figura 5D), mas em Bhaluka upazilla observou-se a doença da postulação anal do rui em tanques tratados com produtos químicos (Figura 5E). Em Bhaluka upazilla, as carpas afectadas pela EUS apresentavam uma lição avermelhada nos tanques tratados com produtos químicos (Figura 5F), mas em Trishal upazilla, nos tanques de controlo, as tilápias eram normais e saudáveis (Figura 5G). Em Bhaluka upazilla, os pangus e as tilápias eram normais e saudáveis nos tanques tratados com drogas e com produtos químicos (Figura 5H)

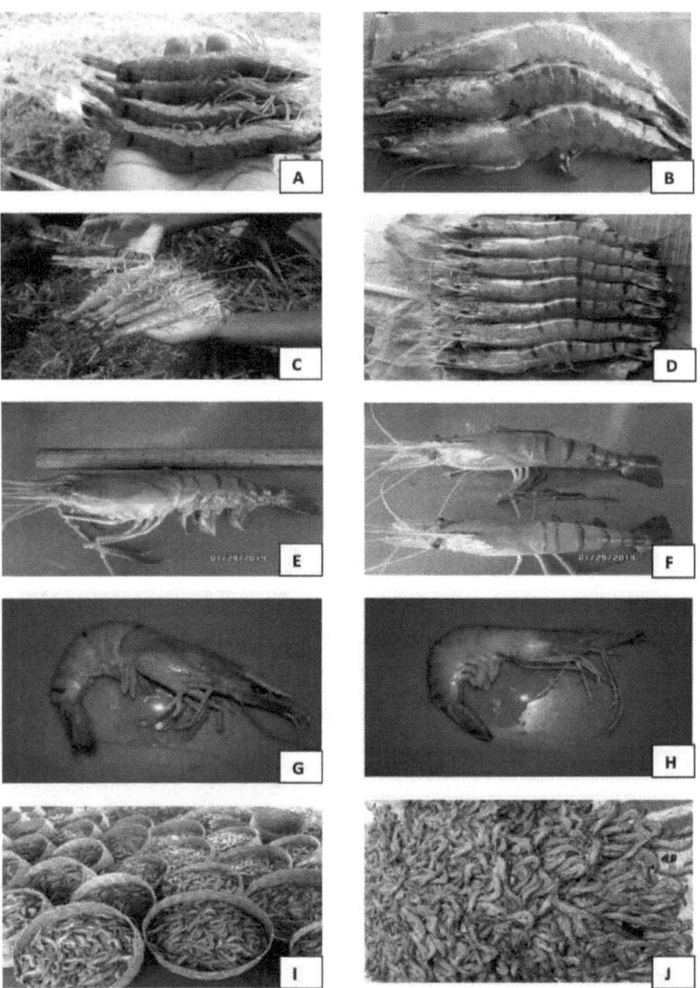

Figura 4. Aspeto clínico do camarão em diferentes regiões de viveiros/arredores tratados com medicamentos e de controlo em zonas costeiras. A. Camarão de controlo normal e saudável de Dacope. B. Camarão WSSV após a chuva de Dacope. C. Camarão de controlo normal e saudável de Koyra. D. Camarão afetado pelo WSSV em tanques tratados de Koyra. E. Camarão de controlo de cor amarelo-esverdeada de Narail. F. Camarão tratado de Narail. G. Camarão de controlo com aspeto clinicamente normal de Rampal. H. Camarão tratado ligeiramente descolorido proveniente de Rampal. I. Camarão de controlo com um tom esverdeado mais escuro proveniente de Pekua. J. Camarão tratado com um tom castanho-amarelado proveniente de Pekua.

Figura 5. Aspeto clínico dos peixes em diferentes regiões. A. Pangus normal e saudável num tanque tratado de Tishal. B. Olho estalado de pangus com olho avermelhado e inchado proveniente de Bhaluka. C. Raiz da barbatana de pangus na região da cauda proveniente de Trishal. D. SUE de catla com coloração avermelhada no lado dorsal de Trishal. E. Postulação anal em rui de Bhaluka. F. EUS em koi com lição de Bhaluka. G. Tilápia normal e saudável proveniente de Trishal. H. Tilápia e pangus normais e saudáveis provenientes de Bhaluka.

4.14 Impacto dos fármacos aquáticos e dos produtos químicos na produção de camarão e gambas

Na região de Khulna (Dacope upazilla), a produção de camarão foi a mais alta (2100 kg/acre) em esterqueiras tratadas com probióticos, drogas aquáticas e produtos químicos, enquanto que, em esterqueiras de controlo e esterqueiras tratadas com cal e ração, a produção de camarão foi de 120 kg/acre e 260 kg/acre, respetivamente. Em Koyra upazilla, a produção de camarão foi de 120 kg/acre nos anguís de controlo, mas nos anguís utilizados com cal e ração a produção foi de 270 kg/acre, ao passo que nos anguís tratados com medicamentos aquáticos e produtos químicos a produção de camarão foi de 780 kg/acre. Em Rampal upazilla, a produção de camarão foi de 100 kg/acre nas anilhas de controlo, enquanto que, no caso da cal e dos alimentos para animais, foi de 260 kg/acre, ao passo que, no caso do camarão tratado com medicamentos e produtos químicos, a produção foi de 750 kg/acre. Em Pekua upazilla, a produção de camarão foi de 700 kg/acre nos grupos tratados com drogas aquáticas e produtos químicos, ao passo que nos grupos tratados com cal e alimentos para animais a produção de camarão foi de 240 kg/acre, mas nos grupos de controlo a produção de camarão foi de 100 kg/acre. A produção de camarão de água doce em Narail foi de 550 kg/acre nos tanques tratados com medicamentos aquáticos e produtos químicos, enquanto que nos tanques utilizados para a alimentação à base de cal a produção de camarão foi de 150 kg/acre, no entanto, nos tanques de controlo a produção de camarão foi de 80 kg/acre (Quadro 13).

4.15 Impacto dos fármacos aquáticos e dos produtos químicos na produção piscícola

A produção de pangus foi de 6000 kg/acre nos tanques de controlo, enquanto que 12000 kg/acre nos tanques tratados em Trishal upazilla. No entanto, em Bhaluka upazilla, a produção de pangus foi de 5000 kg/acre nos tanques de controlo, enquanto que 10000 kg/acre nos tanques tratados. A produção de tilápia foi de 10000 kg/acre e 14000 kg/acre nos tanques de controlo e tratados, respetivamente, em Trishal upazilla. No entanto, em Bhaluka upazilla, a produção de tilápia foi de 12000 kg/acre e 17000 kg/acre nos tanques de controlo e tratados, respetivamente. A produção de carpas em Trishal upazilla foi de 11000 kg/acre e 16000 kg/acre nos tanques de controlo e tratados, respetivamente, no entanto, em Bhaluka upazilla foi de 9000 kg/acre e 13000 kg/acre nos tanques de controlo e tratados, respetivamente (Quadro 14).

Quadro 13. Impacto dos fármacos aquáticos na produção de camarão e gambas nas regiões costeiras

Study areas	Production of shrimp and prawn (Kg/acre)		
	Control	Lime and feed	Drugs, chemicals and feed
Dacope	120	260	2100*
Koyra	120	270	780
Rampal	100	260	750
Pekua	100	240	700
Narail**	80	150	550

Probióticos e medicamentos utilizados, ** Camarão de água doce

Quadro 14. Impacto dos fármacos aquáticos na produção de peixe nas regiões interiores

Species	Study area	Production of fish (Kg/acre)		Stocking density
		Control	Aqua-drugs and chemicals	
Pangus	Trishal	6000	12000	450-500/dec
	Bhaluka	5000	10000	
Tilapia	Trishal	10000	14000	2000-2200/dec
	Bhaluka	12000	17000	
Koi	Trishal	11000	16000	2000-2200/dec
	Bhaluka	9000	13000	

4. 16Observações histológicas   dos camarões das regiões costeiras

4.16.1Observações   do músculo do camarão e do camarão

A secção do músculo do camarão de Pekua e Koyra era quase normal nas anilhas de controlo (Figuras 06 e 10), no entanto, havia alguns vazios no músculo do camarão e camarão das anilhas de controlo e dos tanques de Rampal, Dacope e Narail (Figuras 08,11 e 12).

Na secção transversal do músculo do camarão dos lagos e lagoas tratados, verificaram-se algumas patologias menores, como vácuos, células picnóticas e necrose em Pekua e Rampal (Figuras 07 e 09), ao passo que o músculo do camarão de Narail apresentava corpos de inclusão viral e células picnóticas (Figura 13).

4.16.2Observações   do hepatopâncreas de camarões e gambas

As fotomicrografias do hepatopâncreas do camarão e do camarão nos tanques de controlo eram quase normais em Koyra (Figura 18), exceto alguns vazios no hepatopâncreas de Narail e Rampal (Figuras 15 e 17) e corpos de inclusão minúsculos no hepatopâncreas do camarão de Dacope (Figura 20).

No entanto, nas anilhas tratadas do hepatopâncreas do camarão, verificaram-se algumas alterações patológicas notáveis, como vazios, necrose e corpos de inclusão minúsculos de Pekua e Dacope (Figuras 14 e 21) e alguns vazios, células picnóticas e corpos de inclusão minúsculos do hepatopâncreas de Rampal (Figura 16), enquanto que corpos de inclusão minúsculos, hemorragia e ceEs picnóticos foram observados no hepatopâncreas do camarão de Koyra (Figura 19).

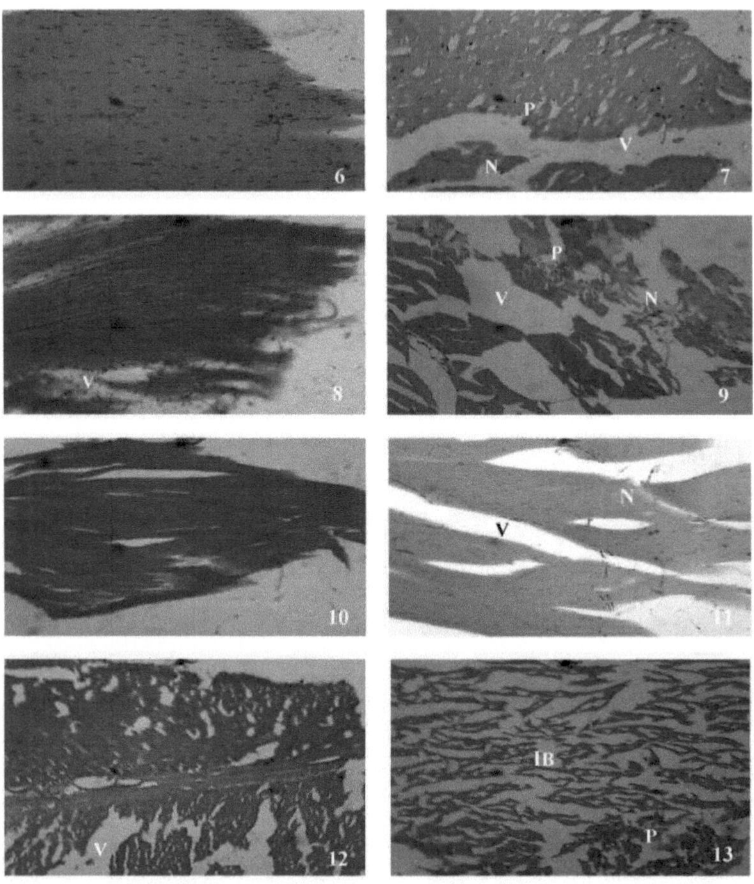

Figura 06. Secção transversal de um músculo normal de camarão de Pekua em ambiente de controlo. H & E x 225.

Figura 07. Fotomicrografia do músculo de camarão de Pekua com vácuo (V), necrose (N) e células picnóticas (P) de um gher tratado. H & E x 225.Figura 08. Secção de um músculo quase normal de camarão de Rampal com vácuo (V) num grupo de controlo. H & E x 125.Figura 09. Secção transversal do músculo do camarão de Rampal com vácuo (V), necrose (N) e células picnóticas (P) de um gher tratado. H & E x 125. Figura 10. Secção de músculo normal de camarão de Koyra de um gher de controlo. H & E X 125.Figura 11. Fotomicrografia de um músculo quase normal de camarão de Dacope, mostrando vácuo (V) e necrose (N), de um grupo de controlo. H & E x 125.Figura 12. Secção transversal de um músculo quase normal de camarão de Narail em tanque de controlo, exceto com vácuo (V). H & E x 125.Figura 13. Secção de músculo de camarão de Narail mostrando corpos de inclusão (IB) do WSSV e células picnóticas (P). H & E x 225.

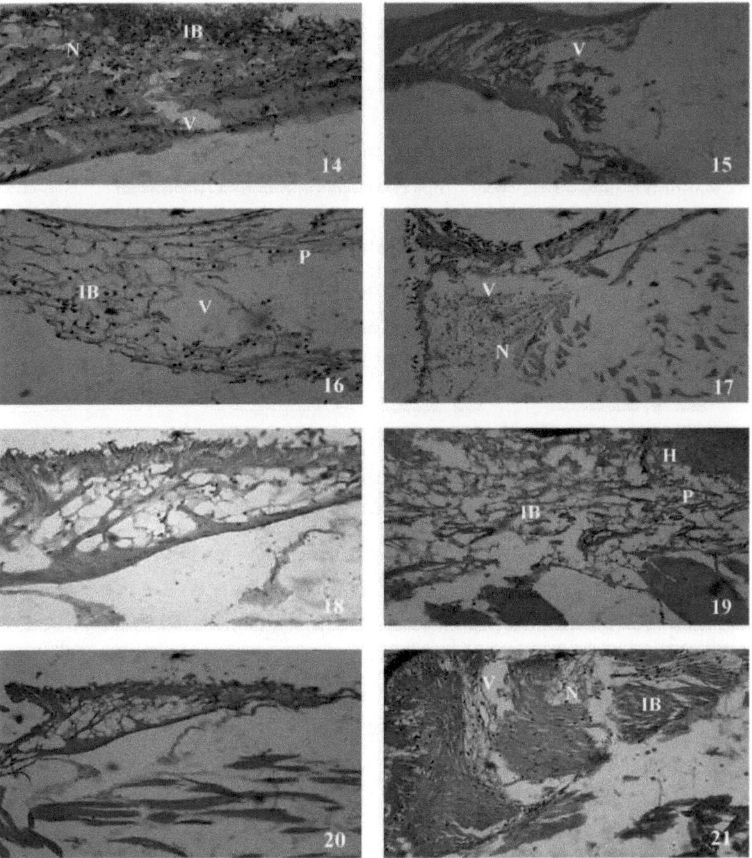

Figura 14. Fotomicrografia de hepatopâncreas de camarão de Pekua com corpos de inclusão (IB), necrose (N) e vácuo (V) de gher tratado. H & Ex 225. Figura 15. Secção transversal de hepatopâncreas quase normal de camarão de Narail com vácuos (V) do tanque de controlo. H & E x 125.Figura 16. Secção do hepatopâncreas de camarão de Rampal com vácuos (V) e células picnóticas (P) e corpos de inclusão minúsculos (IB) do tanque tratado. H & E x 225.Figura 17. Fotomicrografia de hepatopâncreas quase normal de camarão de Rampal com apenas vácuo (V) e necrose (N) de um gher de controlo. H & E x 125.Figura 18. Secção de hepatopâncreas normal de camarão de Koyra do grupo de controlo. H & E x 225.

Figura 19. Secção transversal de hepatopâncreas de camarão de Koyra com corpos de inclusão (IB), hemorragia (H) e células picnóticas (P) de gher tratado. H & E x 225.Figura 20. Fotomicrografia de um hepatopâncreas quase normal de camarão de Dacope de um grupo de controlo. H & E x 125.Figura 21. Secção do hepatopâncreas de camarão de Dacope mostrando corpos de inclusão (IB), vácuo (V) e necrose (N). H & E x 225.

4.17 Observações histológicas de peixes de regiões interiores

4.17.1 Observações das brânquias dos peixes

A secção transversal das brânquias da tilápia de Trishal era normal nos tanques de controlo (figura 22), exceto no caso da hipertrofia e da falta de algumas lamelas nas brânquias da carpa de Trishal (figura 24) e da falta de algumas lamelas nas brânquias da carpa de Bhaluka (figura 25).

Contudo, nos tanques tratados, a secção das brânquias da tilápia de Bhaluka apresentava falta de lamelas, necrose e hemorragia (figura 23). Secção transversal da brânquia de paangus de Trishal, com talengiactasia e falta de lamelas (Figura 26) e baqueteamento, quisto, talengiactasia e hemorragia foram observados na secção da brânquia de Bhaluka em tanques tratados (Figura 27)

4.17.2 Observações sobre o fígado dos peixes

Fotomicrografia do fígado de tilápia e de pangus de Trishal, mostrando uma estrutura normal nos tanques de controlo (figuras 28 e 32). Secção do fígado de koi e pangus de Trishal e Bhaluka mostrando uma estrutura quase normal, exceto alguns vazios nos tanques de controlo (figuras 30 e 33).

Contudo, nos tanques tratados, a secção transversal do fígado da tilápia de Bhaluka apresentava alguns vazios, necrose e células picnóticas (figura 29). A secção do fígado de carpas de Bhaluka apresentava alguns vazios e hemorragia (figura 31).

Figura 22. Secção transversal de uma brânquia normal de tilápia de Trishal de um tanque de controlo. H & E x 125. Figura 23. Fotomicrografia da brânquia de tilápia de Bhaluka com baqueteamento (CB), hemorragia (H), falta lamelar (LM) e necrose (N) de um tanque tratado. H & E x 125.Figura 24. Secção da brânquia de carpa de Trishal com hipertrofia (HY) e falta de lamelas (LM) de um tanque tratado. H & E x 125.Figura 25. Secção transversal de uma brânquia quase normal de carpa de Bhaluka, mas com algumas lâminas em falta (LM), de um tanque de controlo. H & E x 125.Figura 26. Fotomicrografia da guelra de um pangus de Trishal com baqueteamento (CB) e talengiactasia (T) de um tanque tratado. H & E x 125.Figura 27. Secção da guelra de um pangus de Bhaluka com baqueteamento (CB), talengiactasia (T), quisto (C) e hemorragia (H) de um tanque tratado. H & E x 225.

45

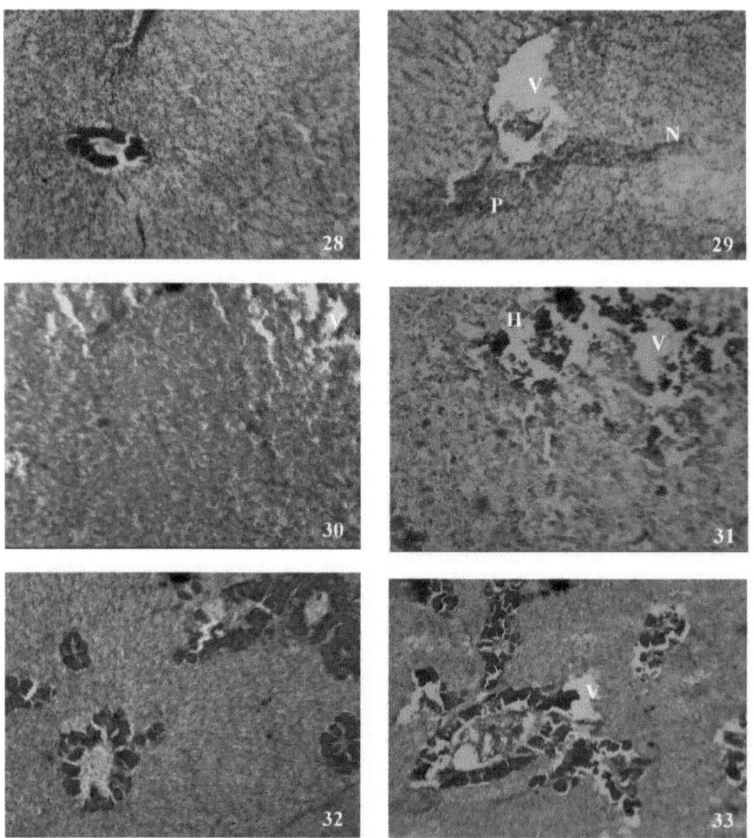

Figura 28. Fotomicrografia de fígado normal de tilápia de Trishal de um tanque de controlo. H & E x 125. Figura 29. Secção transversal do fígado de tilápia de Bhaluka com vácuo (V), necrose (N) e células picnóticas (P) de um tanque tratado. H & E x 125. Figura 30. Secção de um fígado quase normal de koi de Trishal, exceto com vácuos (V), de um tanque de controlo. H & E x 125.Figura 31. Fotomicrografia do fígado de carpas de Bhaluka com vácuos (V) e hemorragia (H) de um tanque tratado. H & E x 125.Figura 32. Secção transversal do fígado normal de pangus de Trishal de um tanque de controlo. H & E x 125.Figura 33. Secção de fígado quase normal de pangus, exceto com vácuos (V), de um tanque de controlo. H & E x 125.

CAPÍTULO 5

DISCUSSÃO

Foram realizados vários estudos sobre a situação dos fármacos aquáticos e dos produtos químicos utilizados nas explorações de camarões e peixes no Bangladesh, mas foram efectuados estudos muito limitados para observar o impacto dos fármacos aquáticos e dos produtos químicos na saúde e na produção de camarões e peixes. O presente estudo foi realizado para avaliar a eficácia dos fármacos utilizados na aquicultura, incluindo as percentagens de fármacos utilizados para diferentes fins, a categoria dos fármacos encontrados nas lojas e o impacto ou recuperação das doenças dos camarões e dos peixes e a produção nas regiões costeiras e interiores do Bangladesh. As actividades de piscicultura e de criação de camarão nas áreas de estudo são influenciadas por numerosos fármacos aquáticos e produtos químicos e, por esta razão, diferentes tipos de fármacos aquáticos e produtos químicos são frequentemente utilizados nas actividades de aquicultura.

No presente estudo observou-se que os criadores de camarões e peixes de diferentes regiões utilizavam diferentes categorias de medicamentos e produtos químicos para diversos fins. De acordo com as finalidades, os fármacos e produtos químicos para aquacultura podem ser classificados em fármacos para preparação de tanques, fármacos para remoção de gases, fármacos para fornecimento de oxigénio, desinfectantes, fármacos promotores de crescimento, probióticos, antibióticos e fármacos para tratamento de doenças. Alguns estudos anteriores também revelaram uma opinião semelhante sobre a utilização e o objetivo dos medicamentos na aquicultura do Bangladesh. De acordo com Shamsuzzaman e Biswas (2012), os produtos químicos disponíveis no mercado são utilizados em diferentes fases da gestão da saúde dos animais aquáticos nas regiões costeiras do Bangladeche, nomeadamente na preparação dos tanques, na promoção do crescimento, no aumento do oxigénio, nos desinfectantes, nos probióticos e no tratamento de doenças. O presente estudo revelou que o tratamento das doenças dos peixes era a principal área em que se utilizavam muitos fármacos aquáticos e produtos químicos. As lojas locais de rações para animais e de produtos químicos eram as principais fontes desses compostos. De acordo com Faruk *et al.* (2008), os agricultores das regiões de Mymensingh utilizavam diferentes tipos de fármacos aquáticos e produtos químicos para vários fins, como a preparação dos tanques, a promoção do crescimento, o aumento da concentração de oxigénio, a desinfeção, os probióticos e o tratamento de doenças dos peixes e camarões.

A partir do presente estudo, pode-se mencionar que os agricultores de diferentes regiões utilizaram medicamentos e produtos químicos em diferentes categorias e percentagens. Os agricultores da região da grande Khulna utilizaram 80% e 60% de produtos químicos na preparação dos tanques e na promoção do crescimento do camarão. Os agricultores da região de Bagerhat utilizaram 70%, 40% e 40% de produtos químicos na gestão dos viveiros e da qualidade da água e no tratamento de doenças e antibióticos, respetivamente. Já na região de Cox's Bazar, os agricultores utilizaram 75%, 30% e 35% de produtos químicos na gestão dos tanques e da qualidade da água, nos fornecedores de oxigénio e nos desinfectantes, respetivamente. Recentemente, a região de Narail tem vindo a atrair a atenção para a produção de camarão e 50% e 33% dos agricultores utilizam produtos químicos como promotores de crescimento e fornecedores de oxigénio. No caso da aquicultura em águas interiores, como na região de Mymensingh, 85%, 70% e 62% dos agricultores utilizaram produtos químicos na preparação dos tanques, na promoção do crescimento e no tratamento de doenças, respetivamente. Poucos estudos anteriores mencionaram as percentagens de medicamentos aquáticos e produtos químicos utilizados pelos agricultores. Chowdhury *et al.* (2012) observaram que, durante a preparação do tanque, 70% dos agricultores usavam rotenona, 43% usavam Sumithion para o tratamento de doenças dos peixes e 43% usavam formalina. No entanto, os aquicultores do interior, como os da região de Mymensingh, utilizavam mais fármacos aquáticos do que os agricultores das regiões costeiras, como Khulna, Bagerhat, Narail e Cox's Bazar.

No presente estudo, foram registadas 34 empresas farmacêuticas que fornecem diferentes medicamentos para a aquicultura e produtos químicos nas zonas de estudo, tanto nas regiões costeiras como interiores, sendo a maioria dos produtos fornecidos por 10 empresas. Estas eram a ACI Animal Health Ltd. Novarties Pharmaceuticals Ltd. Square Pharmaceuticals Ltd, Eon Animal Health Product Ltd, Acme Laboratories Ltd, Avon Animal Health Ltd, Rais Agro Ltd, Lion Overseas Trading Company, Organic Pharmaceuticals Ltd e Penta Agrovet Ltd. Akhter *et al.* (2010) mencionaram que 23 empresas farmacêuticas estavam activas na produção e comercialização de medicamentos e produtos químicos no distrito de Khulna. A partir dos resultados da investigação de Faruk *et al.* (2008), observou-se que 33 empresas produziam ou comercializavam medicamentos para a água e produtos químicos no distrito de Mymensingh. A ACI Animal Health Ltd., a Organic Pharmaceuticals Ltd. e a Square Pharmaceuticals Ltd. produziam diferentes produtos para a aquicultura. A Eon Animal Health Product Ltd., a CP Company, a Rais Agro Ltd. e a Ellwellas Marketing Ltd. comercializavam vários produtos importados de diferentes países, incluindo Índia, EUA, Tailândia, Taiwan, Indonésia, Malásia e Espanha. As empresas forneceram informações pormenorizadas sobre os objectivos, as doses, a duração e o método de aplicação dos produtos químicos sob a forma de folhetos. No entanto, os agricultores tinham opiniões diferentes sobre a utilização e a eficácia de muitos dos produtos.

Foram encontrados no mercado vários compostos tradicionais e comerciais que também foram utilizados pelos agricultores para a preparação dos lagos e para melhorar a qualidade da água dos lagos. Os fármacos aquáticos e os produtos químicos utilizados nas regiões costeiras durante a preparação dos lagos e a gestão da qualidade da água foram o Zeolite da Acme, a Cal agrícola, o Bio-tuff, a Cal, o Zeolite JV, a Ureia, o Zeolite plus, o Aquazet, o Benzo, o Geotox e o Zeolite. Shamsuzzaman e Biswas (2012) mencionaram que os agricultores das regiões costeiras do Bangladesh utilizavam medicamentos e produtos químicos durante a gestão dos tanques e da qualidade da água, tais como Acme's Zeolite, Agricultural lime, Alpha Zeolite, Bio-tuff, Lime, JV Zeolite, Urea, Zeolite plus, Aquazet, Benzo, Geotox, Green Geolite, Zeocare e Zeolite. Nas regiões costeiras, a cal teve o maior impacto positivo na preparação dos lagos, com 98%. Zeolite, Zeolite plus e Geotox tiveram um impacto positivo médio de 70-80% na gestão da qualidade da água. Os agricultores também utilizaram cal agrícola, zeólito alfa, bio-tuff e benzo, que tiveram um impacto médio de 55-65% na preparação dos tanques e na remoção de gases. No caso da aquicultura interior, na região de Mymensingh, os agricultores utilizaram Alpha Zeolite, Cal, JV Zeolite, Zeolite plus, Aquazet, Benzo, Pontox plus, Geotox, Green Zeolite, Zeocare e Zeolite durante a preparação dos tanques e a remoção de gases. Poucos estudos anteriores também revelaram uma opinião semelhante sobre a utilização de medicamentos na aquicultura interior do Bangladesh. Islam *et al.* (2014) e Faruk *et al.* (2008) também mencionaram os mesmos produtos químicos aplicados pelos agricultores da região de Mymensingh durante a preparação dos tanques e a remoção de gases. Zeolite, Zeolite plus, JV Zeolite e Geotox tiveram o maior impacto na preparação do tanque, com uma média de 80-85%. Zeocare, Alpha Zeolite e Green Geolite tiveram uma média de 70-75% de impactos positivos.

Nas lojas de produtos químicos, encontravam-se prontamente disponíveis vários produtos químicos com nomes quase semelhantes para aumentar o oxigénio dissolvido (OD) nos lagos e lagoas. Na região de Khulna, os agricultores utilizavam habitualmente fornecedores de oxigénio como Oxy flow, Oxy max, Oxy gold, O2 marine, Oxy plus, Quick oxygen e Bio ox para aumentar o oxigénio dissolvido nos lagos. Na região de Cox's Bazar, os agricultores utilizaram habitualmente fornecedores de oxigénio como Oxy A, Oxy flow, O2 marine, Oxymax e Oxy plus para aumentar o nível de oxigénio nos ghers. De acordo com Shamsuzzaman e Biswas (2012), os agricultores das regiões costeiras utilizaram produtos químicos semelhantes, como Oxy grow, Oxy flow, Quick oxygen, Oxy max, Oxy gold, Oxy-A, O2 marine, Oxy plus, Biocare e Bio ox. Islam (2013) também mencionou que os agricultores das regiões costeiras utilizavam vários produtos químicos, como Oxy life, Oxy gold, Pure oxy, Oxy max e Oxy dox F, para aumentar o OD nos ghers. Contudo, na região de Mymensingh, os agricultores utilizaram Bio ox, Gasonex, O2 marine, Oxy plus, Oxy flow,

Oxymax, Oxymore e Pure oxy para aumentar o OD nos tanques de peixes. A partir dos resultados da investigação de Rahman (2012), observou-se que quase todos os medicamentos e produtos químicos utilizados como fornecedores de oxigénio na região de Mymensingh, tais como Oxy flow, Oxy max, Bio care e Oxy gold. De acordo com Faruk *et al.* (2008), os agricultores da região de Mymensingh utilizaram Bio ox, Gasonex, O2 marine, Oxy plus, Oxymax, Oxymore e Bio care para aumentar o OD. Na região de Khulna, o Oxy flow e o Oxy gold tiveram os maiores impactos positivos de 80% no aumento do OD, enquanto na região de Cox's Bazar se observou que o Oxy flow e o Oxy max tiveram os maiores impactos positivos de 85% no aumento do OD. No entanto, na aquicultura interior, na região de Mymensingh, observou-se que o Oxy plus e o Oxy flow, Oxy more e Oxy max tiveram os maiores impactos positivos de 90%. no aumento do OD.

No presente estudo, na região de Khulna, os agricultores utilizaram vários tipos de desinfectantes, como o BKC, o pó branqueador, a formalina, o Timsen e o Emsen. Por outro lado, na região de Cox's Bazar, os agricultores utilizaram pó branqueador, Timsen e Emsen. Islam (2013) referiu que os agricultores das regiões de Khulna e Cox's Bazar utilizavam habitualmente Timsen, Emsen, Formalina e Cal como desinfectantes. O trabalho de investigação de Shamsuzzaman e Biswas (2012) indica que, nas regiões costeiras do Bangladeche, eram utilizados medicamentos e produtos químicos quase semelhantes, como o Timsen, a formalina, o BKC, a cal, o Emsen e o pó branqueador. Contudo, na região de Mymensingh, os agricultores utilizavam como desinfectantes o EDTA, o pó branqueador, o Timsen, o Emsen, o Water clear, o iodo microdina, o BKC, a formalina e o Efinol. De acordo com Rahman (2012), na região de Mymensingh os agricultores utilizaram formalina, cal, pó branqueador, Timsen, permanganato de potássio, EDTA e BKC para desinfetar a incubadora e outros equipamentos e, em alguns casos, para o tratamento de doenças. Na região de Khulna, o pó branqueador, o Timsen e o Emsen tiveram os impactos positivos mais elevados, de 90-95%, na desinfeção. Em contrapartida, na região de Cox's Bazar, o Timsen e o pó branqueador tiveram a maior capacidade de desincentivo, de 95-98%. No caso da aquicultura interior, na região de Mymensingh, observou-se que o EDTA, o pó branqueador, o Timsen e o Emsen tinham a capacidade desinfetante mais elevada (95-98%). Os agricultores também utilizaram Timsen, Emsen, Formalina e Efinol para o tratamento de doenças dos peixes nas regiões de Mymensingh.

Na região da grande Khulna, os agricultores utilizaram vários tipos de medicamentos aquáticos e produtos químicos para aumentar o crescimento do camarão e do camarão. Os agricultores usaram Aqua boost, Aqua savor, Aquamin, Cevit vet, Grow max, Megavit aqua e Panvit aqua como promotores de crescimento de camarão e camarão. Islam (2013) mencionou que os agricultores da região de Khulna usaram Aqua nourish, Aquamin, Cevit vet, AQ-cell e Megavit aqua para aumentar o crescimento do camarão. Na região de Cox's Bazar, os produtores utilizaram promotores de crescimento como AQ-cell, AQ grow cell, Aquamin, Cevit vet e Megavit aqua. De acordo com Shamsuzzaman e Biswas (2012), produtos químicos mais ou menos semelhantes foram usados pelos produtores das regiões costeiras de Bangladesh, como Acimix super fish, AQ cell, Aquamin, Aqumin, Grow fast, Cevit vet e Grow max para aumentar o crescimento do camarão. No entanto, na região de Mymensingh, os agricultores utilizaram promotores de crescimento como Acemix super fish, Aqua boost, Aqua savor, Cevit vet, Hepaprotect aqua, Megavit aqua, Nutricell e Rapid grow para aumentar o crescimento e a produção de peixes. Shamsuddin (2012) referiu que os agricultores da região de Mymensingh utilizavam habitualmente AQ-cell, Vitamin premix, Megavit aqua, Aquamin, Aqua boost e Aqua savor como promotores de crescimento, mas a maioria dos agricultores não mostrava interesse nos promotores de crescimento devido ao seu elevado preço. Faruk *et al.* (2008) também referiram que os agricultores utilizavam promotores de crescimento como Megavit aqua, Aqua boost, Aqua savor, Vitamin premix, Grow fast, Vitamix e Grow max na região de Mymensingh. Na região da grande Khulna, o Megavit aqua e o Cevit vet tiveram o maior impacto positivo no crescimento do camarão, com 75-80%. Por outro lado, na região de Cox's Bazar, os mesmos fármacos tiveram o maior impacto positivo de 75-80% no crescimento do camarão. No entanto, na região de Mymensingh, os medicamentos Aqua savor, Megavit aqua e Cevit vet tiveram os impactos positivos mais elevados, de 85-90%, no crescimento dos peixes. No presente estudo, observou-se que, tanto nas regiões costeiras como nas interiores, poucos agricultores utilizaram promotores de crescimento devido ao seu elevado preço.

No presente inquérito, foram observados vários antibióticos nos mercados que também eram utilizados pelos agricultores nas regiões costeiras. Observou-se que os agricultores da região de Khulna utilizavam Bactitab, Cotrim vet, Oxytetracycline, Renamox, Renamycine, Chlorsteclin, Amoxicillin e Orgacycline como antibióticos para inibir doenças bacterianas e fúngicas. Os ingredientes activos desses antibióticos são principalmente a orgatetraciclina, a cloro-tetraciclina, a amoxicilina e o sulfametoxazol. Islam (2013) mencionou que os agricultores da região de Khulna utilizavam Renamycin, Renaquine, Oxysestin, Oxytetracycline e Cotrim vet para inibir as doenças bacterianas. A maioria dos aquicultores da região de Khulna utilizou Renamicina à taxa de 50 mg/kg de peso corporal do camarão durante 10 dias, devido à sua elevada atividade contra as doenças bacterianas. De acordo com Ahmed e Tan (1992), a tetraciclina a uma taxa de 16,67 mg/1 apresentou resultados efectivos na cicatrização de feridas na epiderme em 28 dias. Na região de Cox's Bazar, os agricultores utilizaram amoxicilina, clorsteclina, orgaciclina, orgamicina, renamicina e renamox como antibióticos para inibir os agentes patogénicos. Islam (2013) mencionou que os agricultores da região de Cox's Bazar utilizavam amoxicilina, clorsteclina, orgaciclina, orgamicina, renamicina e renamox para melhorar o estado de saúde e inibir infecções bacterianas e fúngicas. No entanto, na região de Mymensingh, os piscicultores utilizaram Bactitab, Chlorsteclin, Orgacyclin, Orgamycin 15%, Oxy-D vet, Oxysentin, Renamycine e Renamox como antibióticos para inibir doenças bacterianas e aumentar a resistência dos peixes às doenças. De acordo com Ahmed *et al.* (2014), os agricultores da região de Mymensingh utilizaram 15 tipos de antibióticos, tais como Renamicina, Amoxifish, Ossi-C, Timsen, Aquamicina, Virex, Geolite gold, Polgard, Bacticel e Delitex. Monsur (2012) observou que os agricultores da região de Jamalpur e Sherpur utilizavam sete tipos de antibióticos com diferentes nomes comerciais, nomeadamente Oxysentin, Captor, Acimox, vet powder, Cotrim vet, Orgacycline, Sulfatrain e Aquamycine. Shamsuddin (2012) referiu que os antibióticos Renamycin, Aquamycin, Renaquine, Amoxifish, Oxy-dox-F e Orgamycine foram encontrados em Fulbaria, Muktagacha e Phulpur upazillas na região de Mymensingh. Na região de Khulna, observou-se que o Renamox, a oxitetraciclina e a renamicina tiveram os impactos positivos mais elevados na inibição de infecções patogénicas do camarão, com 65-70%, e que o Bactitab, a clorsteclina e a orgaciclina tiveram os impactos positivos mais baixos, com 60-62%. Em contrapartida, na região de Cox's Bazar, a renamicina teve os impactos positivos mais elevados e a clorteclina os mais baixos, de 65-70% e 60-62%, respetivamente. Contudo, nas regiões do interior, como Mymensing Orgacycline, Renamox e Renamycin, observaram-se os impactos positivos mais elevados, ao passo que Chlorstelin e Bactitab tiveram os impactos positivos mais baixos, de 80-90% e 70-75%, respetivamente.

No presente estudo, na região de Khulna, observou-se que várias doenças do camarão, como a doença da mancha branca (WSD), a doença bacteriana, a doença do camarão de algodão e a brânquia negra, tiveram impacto na produção de camarão. Por outro lado, na região de Cox's Bazar, a cultura do camarão foi afetada por diferentes doenças virais, como a WSD, o Baculovírus Monodon (MBV), doenças bacterianas e doenças da incrustação superficial. Islam (2013) observou que foram registadas doenças do camarão mais ou menos semelhantes nas regiões costeiras do Bangladesh, tais como WSD, doenças bacterianas e fúngicas. Sultana *et al.* (2005) também mencionaram que a vibriose luminosa e as doenças WSSV eram duas doenças importantes na criação de camarões. Segundo os autores, os antibióticos, que têm sido utilizados em grandes quantidades, são, em muitos casos, ineficazes ou resultam num aumento da virulência dos agentes patogénicos e, além disso, promovem a transferência da resistência aos antibióticos para os agentes patogénicos humanos. No entanto, na aquicultura interior, na região de Mymensingh, os peixes foram afectados por várias doenças. Em Trishal upazilla, as doenças EUS, Edwardsiellosis e Fin rot foram detectadas em pangus, enquanto EUS, Dropsy e Edwardsiellosis foram também detectadas em koi e tilápia. Em Bhaluka upazilla, registou-se que o pangus foi afetado por EUS, Edwardsiellosis, podridão das barbatanas, Pop eye e deposição de gordura no abdómen, ao passo que a tilápia e a carpa foram afectadas por EUS, manchas brancas e Edwardsiellosis. Rahman (2012) mencionou doenças de peixes mais ou menos semelhantes, como a EUS na tilápia, sarputi, rui, catla e mrigle, a doença da mancha vermelha na pangus tailandesa e na carpa tailandesa, a doença da mancha branca na carpa tailandesa, o abdómen inchado na shing e a edwardsielose na pangus tailandesa, nas regiões de Jamalpur. Faruk *et al.* (2004) e Rahman (2011) também observaram que as doenças na aquicultura do Bangladeche eram EUS, mancha vermelha, Dropsy, podridão da cauda e podridão das barbatanas em diferentes espécies de peixes, como shing, Thai koi, Tilapia e Thai Pangus. Monsur (2012) referiu que as principais doenças comunicadas pelos aquicultores na região de Mymensingh foram a EUS, a Dropsia, a postulação anal, as doenças fúngicas, as manchas nutricionais e as manchas brancas.

Na região de Khulna, os agricultores utilizaram diferentes tipos de medicamentos para o tratamento de doenças virais, bacterianas e protozoárias. Não existem tratamentos para a doença da mancha branca (WSD) e a doença da cabeça amarela (YHD), embora os agricultores tenham utilizado verde de malaquite, azul de metileno, pó branqueador e permanganato de potássio para o tratamento da WSD, mas não se observou qualquer recuperação. Islam (2013) mencionou que Basudin, azul de metileno, pó branqueador, oxitetraciclina e potassa foram utilizados para o tratamento do VSMB na região de Khulna. De acordo com os autores, o azul de metileno e a oxitetraciclina não deram qualquer resultado positivo na recuperação da doença por VSMB, ao passo que se registaram algumas melhorias quando se utilizou potassa e pó de branqueamento no gher. Por outro lado, na região de Cox's Bazar, os agricultores utilizaram vários medicamentos aquáticos e produtos químicos para o tratamento de doenças virais, bacterianas e fúngicas. Os agricultores utilizaram verde de malaquite, permanganato de potássio e Timsen para o tratamento da WSD, mas não obtiveram qualquer recuperação. Islam (2013) também mencionou que, na região de Cox's Bazar, os agricultores não utilizaram quaisquer medicamentos aquáticos para o tratamento do VSMB. De acordo com os agricultores, a troca frequente de água ajudaria a reduzir o problema.

Verificou-se que os agricultores da região de Khulna utilizaram permanganato de potássio, solução ecológica, azul de metileno, Basudin e Timsen para o tratamento da YHD, com uma recuperação média de 20-25%. Em contrapartida, na região de Cox's Bazar, os agricultores utilizaram solução ecológica, azul de metileno e Basudin, com uma recuperação média de 15-20% da MBVD. Islam (2013) referiu que o Basudin, o azul de metileno, o pó branqueador, a oxitetraciclina e a potassa foram utilizados para o tratamento do VSMB na região de Khulna. Os agricultores utilizaram renamicina, oxitetraciclina, cal, sal e permanganato de potássio para o tratamento de doenças bacterianas, com uma recuperação média de 50-55% na região de Khulna. Por outro lado, os agricultores da região de Cox's Bazar utilizaram Renamox, oxitetraciclina, formalina e sal, com uma média de 25-30% de recuperação no tratamento de doenças bacterianas. Os agricultores da região de Khulna utilizaram formalina, ácido oxolínico, sarafloxacina, renamicina, oxitetraciclina, cal e sal, que tiveram uma recuperação média de 25-30% no tratamento da doença do camarão do algodão, mas não tiveram qualquer impacto positivo na doença das guelras negras. No entanto, na região de Cox's Bazar, os agricultores utilizaram renamicina, cal, sal e permanganato de potássio para o tratamento da doença da incrustação superficial, que teve uma recuperação média de 40-45%. Islam (2013) também mencionou que, na região de Cox's Bazar, os agricultores não utilizavam quaisquer medicamentos aquáticos para o tratamento do VSMB. De acordo com os agricultores, a troca frequente de água ajudaria a reduzir o problema.

Na aquicultura interior da região de Mymensingh, foram detectados vários tipos de doenças dos peixes. De acordo com os resultados da investigação de Ahmed *et al.* (2014), na região de Mymensingh, foram observadas EUS, Dropsy e Edwardsiellosis em pangus e tilápias. Em Trishal upazilla, foram detectadas EUS, Edwardsiellosis e doenças das raízes das barbatanas em pangus. Os agricultores utilizaram Zeolite, Gastab, Timsen Renamycin e Polgard plus para o tratamento da EUS, com uma recuperação média de 75-80%. No entanto, em Bhaluka upazilla, os agricultores utilizaram permanganato de potássio (KMnCU), Renamycine Cyprocine e Cotrimvet para o tratamento de EUS em pangus, que teve uma média de 80-85% de recuperação. De acordo com Rahman (2012), no caso da EUS, os agricultores de Jamalpur utilizaram Oxysentin 20%, Aquamycin e Acimox em pó e obtiveram 90% de recuperação com tilápia, rui, catla e pangus. De acordo com Ahmed *et al.* (2014), para tratar a tilápia afetada pela EUS, os agricultores de Fulpur upazilla utilizaram Renamycin, Polgard plus e Ossi C, com um resultado de 80-95% de recuperação.

De acordo com os agricultores da região de Mymensingh, foram utilizados na aquicultura produtos químicos como o permanganato de potássio (KMnO4), a cal, a formalina, o sal, o azul de metileno, o verde de malaquite, o pó branqueador e o Timsen. Alguns estudos anteriores também revelaram que os produtos químicos utilizados no tratamento das doenças dos peixes, incluindo o permanganato de potássio (KMnO4), a cal, a formalina, o sal, o azul de metileno, o verde de malaquite, o pó branqueador e o Timsen, eram utilizados na aquicultura do Bangladesh (Phillips, 1996; Brown e Brooks, 2002; DoF, 2002; Faruk *at.*, 2005). Ali (2008) e Rahman (2011) descobriram que vários medicamentos aquáticos, como cal, sal, permanganato de potássio, sumithion, melathion, formalina e pó branqueador, eram utilizados no tratamento de doenças. Nas regiões interiores, observou-se que o tratamento de doenças tinha um grande valor quando os produtos químicos eram utilizados corretamente, mas poderia causar grandes ameaças para os organismos aquáticos se não fossem aplicados corretamente. Além disso, para o sucesso da aquacultura, os produtos químicos devem ser utilizados de forma judiciosa e responsável. Smith (2002) também contribuiu para o facto de ser importante aplicar adequadamente os medicamentos contra as doenças e de se deverem aplicar métodos de aplicação corretos para a gestão da saúde aquática.

No presente estudo, observou-se que a Renamicina, o Timsen, o Ossi-C e o Polgard plus foram utilizados no tratamento de pangus afectados pela Edwardsiellosis em Trishal upazilla, com uma média de 75-80% de recuperação. Rahman (2011) mencionou que as tilápias afectadas pela EUS foram tratadas com Renamycin, Polgard Plus e Ossi C e obtiveram uma recuperação de 95%. Os agricultores utilizaram cal e sal para o tratamento da doença da podridão das barbatanas do pangus em Trishal upazilla, que teve uma média de 60-65% de recuperação. No entanto, em Bhaluka upazilla, os agricultores utilizaram Renamycine para o tratamento da doença do olho de popa do pangus e cal e sal para o tratamento da doença da barbatana, com uma recuperação média de 70-75%. Os agricultores também utilizaram Livabid e cloreto de colina para o tratamento da deposição de gordura abdominal do pangus, com uma recuperação média de 55-60%. No caso das tilápias afectadas pela Dropsia, os agricultores de Trishal upazilla utilizaram Renamicina, Polgard plus e Ossi-C, que tiveram uma recuperação média de 80-85%. Os agricultores utilizaram Aquamycine, Ossi-C e Polgard plus para o tratamento de carpas afectadas pela EUS, que tiveram uma recuperação média de 80-85%. Para o tratamento da Edwardsiellosis em carpas, os agricultores utilizaram Renamycine e Ossi-C, com uma recuperação média de 65-70%. Já em Bhaluka upazilla, os agricultores utilizaram Aquamix, Lime, Salt e Vitamix, que tiveram uma recuperação média de 70-75% para o tratamento de carpas afectadas pela mancha branca. Renamycin, Polgard plus e Ossi-C foram utilizados para o tratamento da Edwardsiellosis da carpa, com uma média de 75-80% de recuperação. Embora os agricultores tenham utilizado Renamycin, Polgard plus, Ossi-C e Aquamycine para o tratamento das doenças EUS e manchas brancas da tilápia, que tiveram uma média de 75-80% de recuperação. Rahman (2012) mencionou que, no caso da EUS, os agricultores de Jamalpur utilizaram Oxysentin 20%, Aquamycin e Acimox em pó e obtiveram
90% de recuperação com tilápia, rui, catla e pangus. Contudo, no caso da tilápia, da doença da mancha vermelha nos pangus tailandeses e nas carpas tailandesas, da edwardsielose nos pangus tailandeses e da doença da mancha branca nas carpas tailandesas, os agricultores obtiveram uma recuperação de 80 % utilizando medicamentos aquáticos como Timsen, Malachiteseen, Potash e azul de metileno na região de Sherpur. Rahman (2011) referiu que os pangus tailandeses afectados pela Edwardsiellosis foram tratados com Renamycin, Timsen, Polgard Plus e Ossi C, com uma recuperação de 80 %. Na carpa tailandesa afetada por Dropsy, os agricultores utilizaram Renamycin, Aquamycine, Ossi e Polgard Plus e obtiveram uma recuperação de 75 %.

A partir do presente estudo, observou-se que, clinicamente, os camarões das regiões costeiras, incluindo Khulna e Cox's Bazar, eram normais e saudáveis, exceto um pouco amarelados nas anilhas de controlo, ao passo que nas anilhas tratadas quimicamente os camarões apresentavam um ligeiro desvanecimento amarelado e descoloração. Clinicamente, o estado de saúde dos camarões da região de Khulna era melhor do que o dos camarões da região de Cox's Bazar. Em Dacope upazilla, os camarões apresentavam-se normalmente saudáveis nas anilhas de controlo, mas os camarões afectados pela WSD apresentavam manchas brancas e uma ligeira descoloração nas anilhas tratadas. Em Koyra upazilla, os camarões eram normais e saudáveis, com uma ligeira coloração amarelo-esverdeada nos grupos de controlo, ao passo que os camarões afectados pela WSD foram encontrados em Koyra após a chuva. O camarão de Narail apresentava um aspeto normal no tanque de controlo, ao passo que a cor amarela e desbotada no tanque tratado. O camarão de Rampal apresentava um ligeiro esverdeado no tanque de controlo, mas um amarelo esbatido no tanque tratado. Em Pekua, na região de Cox's Bazar, os camarões eram esverdeados e mais escuros no tanque de controlo, ao passo que os camarões tratados eram esbatidos e ligeiramente amarelados. Islam (2013) mencionou que, clinicamente, os camarões das diferentes áreas investigadas apresentavam um aspeto diferente. Alguns camarões da região de Cox's Bazar tinham um aspeto amarelado, acastanhado ou mais escuro do que o normal. O camarão de Chakaria tinha uma cor esverdeada-escura. Clinicamente, o estado de saúde dos camarões da região de Khulna era melhor do que o dos camarões da região de Cox's Bazar.

Clinicamente, os peixes da região de Mymensingh não mostraram quaisquer alterações notáveis entre os tanques tratados com medicamentos aquáticos e os tanques de controlo. Com base nos resultados da investigação de

Ahmed *et al.* (2014) mencionaram que, clinicamente, os peixes criados em tanques tratados com medicamentos aquáticos e em tanques de controlo não apresentavam quaisquer alterações notáveis. Rahman (2012) também observou resultados quase semelhantes, nomeadamente que, clinicamente, os peixes dos tanques tratados e de controlo eram quase normais e não apresentavam diferenças. Clinicamente, os peixes de Trishal upazilla eram melhores do que os de Bhaluka upazilla. Em Trishal upazilla os pangus tratados quimicamente tinham um aspeto normal e saudável, no entanto os pangus tratados quimicamente de Bhaluka upazilla tinham os olhos avermelhados e inchados (doença de Pop eye). Em Trishal upazilla, a podridão das barbatanas dos pangus nos tanques tratados quimicamente. A catla afetada pelo Síndroma Ulcerativo Epizoótico (SUE) foi encontrada em Trishal upazilla com lesões avermelhadas no lado dorsal em tanques tratados quimicamente, no entanto, em Bhaluka upazilla a doença da postulação anal do rui em tanques tratados quimicamente. Em Bhaluka upazilla, as carpas afectadas pela EUS apresentavam lesões avermelhadas nos tanques tratados quimicamente; no entanto, em Trishal upazilla, nos tanques de controlo, as tilápias eram normais e saudáveis. Em Bhaluka upazilla, os pangus e as tilápias eram normais e saudáveis nos tanques tratados quimicamente.

A partir de observações histológicas, observou-se que o músculo do camarão de controlo (sem fármacos) de todas as áreas investigadas das regiões de Cox's Bazar e Khulna era quase normal, exceto que havia alguns vazios no músculo do camarão de controlo. No entanto, nos camarões tratados com fármacos de todas as áreas investigadas das regiões de Cox's Bazar e Khulna, registaram-se alterações patológicas notáveis, como necrose, vácuos, corpos de inclusão e células picnóticas. Islam (2013) mencionou observações histológicas quase semelhantes, segundo as quais o músculo tratado do camarão das regiões de Cox'xBazar e Khulna apresentava alterações patológicas notáveis, como necrose, vácuos e células picnóticas. A partir da presente investigação, observou-se que a secção do músculo do camarão de Pekua e Koyra era normal nas lagoas de controlo, exceto no que diz respeito à presença de alguns vazios no músculo do camarão e do camarão das lagoas de controlo e das lagoas de Rampal, Dacope e Narail. No entanto, na secção transversal do músculo do camarão das anilhas e tanques tratados, observaram-se patologias menores, como vazios, células picnóticas e necrose, em Pekua e Rampal, ao passo que no músculo do camarão de Narail só se observaram corpos de inclusão.

As fotomicrografias do hepatopâncreas do camarão e do camarão nas anilhas e tanques de controlo eram normais em Kora, exceto alguns vazios no hepatopâncreas de Narail e Rampal e corpos de inclusão minúsculos no hepatopâncreas do camarão de Dacope. No entanto, nas anilhas de camarão tratadas, foram observadas alterações patológicas notáveis no hepatopâncreas de Pekua e Dacope, como vácuos, necrose e corpos de inclusão minúsculos, e também foram observados vácuos, células picnóticas e corpos de inclusão minúsculos no hepatopâncreas de Rampal, enquanto corpos de inclusão minúsculos, hemorragia e células picnóticas se encontravam no hepatopâncreas do camarão de Koyra.

No presente estudo foram observadas, através da histologia, algumas alterações patológicas importantes das brânquias e do fígado dos peixes. Em condições de controlo, tanto em Trishal como em Bhaluka upazilla, as brânquias e o fígado dos peixes estavam quase normais, exceto que faltavam algumas lamelas nas brânquias e havia vácuos no fígado. Contudo, nas condições tratadas, os órgãos investigados dos peixes acima mencionados apresentavam alterações patológicas notáveis, como necrose, hemorragia, vácuo, picnose, hipertrofia e falta de lamelas, o que estava de acordo com as conclusões de Rahman (2012). A partir dos resultados da investigação de Ahmed *et al.* (2014) em tratamentos de controlo em ambos os tanques BAU e tanques do agricultor, a pele, músculo, fígado, rim e brânquias dos peixes tinham uma estrutura histológica quase normal. No entanto, nos tratados com produtos químicos, os órgãos investigados acima mencionados dos peixes tinham alterações patológicas notáveis como necrose, hemorragia, vácuo, picnose, hipertrofia e perda parcial de algumas partes. Ahmed *et al.* (2012) também mencionaram que, em condições quase semelhantes de histologia dos peixes não tratados, os músculos da pele, o fígado, os rins e as brânquias tinham uma estrutura quase normal. No entanto, nos tanques tratados com produtos químicos, os órgãos investigados dos peixes acima mencionados apresentavam alterações patológicas notáveis, como necrose, hemorragia, vácuo, melanócitos e ossatura pericial dos órgãos.

A presente investigação revelou que a secção transversal das brânquias da tilápia de Trishal era normal nos tanques de controlo, exceto no que diz respeito à hipertrofia e à falta de algumas lâminas nas brânquias da carpa de Trishal e à falta de algumas lâminas nas brânquias da carpa de Bhaluka. Contudo, nos tanques tratados, a secção das brânquias da tilápia de Bhaluka apresentava falta de lamelas, necrose e hemorragia. Na secção transversal da brânquia de paangus de Trishal, foram observadas talengiactasias e falta de lamelas e, na secção da brânquia de Bhaluka, foram observados baqueteamento, quisto, talengiactasias e hemorragia nos tanques tratados. Ahmed *et al.* (2014) mencionaram que, no caso das brânquias de peixes tratados com drogas aquáticas e produtos químicos, as brânquias apresentavam alterações patológicas que incluíam hipertrofia, hemorragia, ausência de lamelas secundárias das brânquias, baqueteamento e necrose. Ahmed *et al.* (2007) também mencionaram que a necrose, a picnose, a inflamação, a hipertrofia, a hiperplasia e a ausência de lamelas branquiais se manifestavam nos meses de dezembro e janeiro em *Anabas testudineus*.

A fotomicrografia do fígado da tilápia e do pangus de Trishal era normal nos tanques de controlo. A secção do fígado de koi e pangus de Trishal e Bhaluka era quase normal, exceto alguns vazios nos tanques de controlo. De acordo com Rahman (2012), o fígado dos peixes tratados com produtos químicos apresentava algumas alterações patológicas importantes, como hemorragia, necrose, células picnóticas e vácuos nos tanques tratados durante dezembro e janeiro. Contudo, nos tanques tratados, a secção transversal do fígado da tilápia de Bhaluka apresentava alguns vazios, necrose e células picnóticas. A secção do fígado da carpa de Bhaluka apresentava alguns vazios e hemorragia. Ahmed *et al.* (2014) referiram que foram registadas algumas alterações patológicas importantes, tais como hemorragia, hepatócitos necróticos, células picnóticas e vácuos no fígado de peixes tratados com produtos químicos. Ahmed *et al.* (2009) também encontraram resultados quase semelhantes para a enguia de água doce na época de inverno. Assim, as alterações patológicas no fígado em tanques tratados podem ser devidas à aplicação de fármacos aquáticos e produtos químicos.

A partir da presente investigação, observou-se que, na região de Khulna (Dacope upazilla), a produção de camarão foi a mais elevada, 2100 kg/acre, em anilhas tratadas com probióticos, medicamentos aquáticos e produtos químicos, enquanto que em anilhas de controlo e anilhas tratadas com cal e ração, a produção de camarão foi de 120 kg/acre e 260 kg/acre, respetivamente. Em Koyra upazilla, a produção de camarão foi de 120 kg/acre nos aquedutos de controlo, mas nos aquedutos que utilizaram cal e alimentos para animais a produção foi de 270 kg/acre, ao passo que nos aquedutos e nos aquedutos tratados com produtos químicos a produção de camarão foi de 780 kg/acre. Em Rampal upazilla, a produção de camarão foi de 100 kg/acre nos grupos de controlo, enquanto que 260 kg/acre nos grupos tratados com cal e alimentos para animais, mas nos grupos tratados com medicamentos e produtos químicos a produção de camarão foi de 750 kg/acre. Em Pekua upazilla, a produção de camarão foi de 700 kg/acre nas anilhas tratadas com medicamentos aquáticos e produtos químicos, ao passo que nas anilhas utilizadas com cal e alimentos para animais a produção de camarão foi de 240 kg/acre, mas nas anilhas de controlo a produção de camarão foi de 100 kg/acre. A produção de camarão de água doce em Narail foi de 550 kg/acre em tanques tratados com medicamentos aquáticos e produtos químicos, enquanto que nos tanques utilizados com alimentos à base de cal a produção de camarão foi de 150 kg/acre, mas nos tanques de controlo a produção de camarão foi de 80 kg/acre. De acordo com Islam (2013), o uso de drogas aquáticas e produtos químicos aumentou a produção média de camarão, mas o estado de saúde do camarão cultivado se deteriorou. A produção de camarão registada foi de 100 kg cada em Ckakaria e Cox's Bazar, 80 kg em Paikgacha, 150 kg em Bagerhat e 200 kg por acre em Assasuni Satkhira.

Na região de Mymensingh, a produção de pangus foi de 6000 kg/acre nos tanques de controlo e de 12000 kg/acre nos tanques tratados em Trishal upazilla. Contudo, em Bhaluka upazilla, a produção de pangus foi de 5000 kg/acre nos tanques de controlo e de 10000 kg/acre nos tanques tratados. De acordo com os resultados da investigação de Ahmed *et al.* (2012), nos tanques dos agricultores, a produção de pangus tailandeses nos tanques tratados com produtos químicos foi mais elevada, com 8100 kg/acre do que nos tanques não tratados, com 4800 kg/acre. A produção de tilápia foi de 10000 kg/acre e 14000 kg/acre nos tanques de controlo e tratados, respetivamente, em Trishal upazilla. No entanto, em Bhaluka upazilla, a produção de tilápia foi de 12000 kg/acre e 17000 kg/acre nos tanques de controlo e tratados, respetivamente. A produção de carpas em Trishal upazilla foi de 11000 kg/acre e 16000 kg/acre nos tanques de controlo e tratados, respetivamente, mas em Bhaluka upazilla foi de 9000 kg/acre e 13000 kg/acre nos tanques de controlo e tratados, respetivamente. Shamsuddin (2012) mencionou que a produção de pangus tailandês e koi tailandês em Gouripur e Muktagacha Upazillas era quase o dobro nos tanques tratados com produtos químicos em comparação com os tanques não tratados. A produção de pangus tailandês nos tanques de controlo foi maior (7328,16 kg/acre) do que nos tanques tratados (6400,08 kg/acre) nos tanques experimentais BAU.

Observou-se que havia um impacto distinto dos medicamentos aquáticos e dos produtos químicos na saúde e na produção de camarões na aquicultura costeira e interior do Bangladesh. Através de observações clínicas, pode referir-se que a diferença entre os camarões e peixes de lago tratados e não tratados com drogas era quase normal, com exceção de alguma coloração amarelada a desbotada e descoloração nos camarões de lago tratados com drogas. No entanto, nas observações histológicas, os músculos do camarão e o hepatopâncreas dos anhos tratados com medicamentos apresentavam algumas alterações patológicas notáveis, como necrose, vácuos, hemorragias, corpos de inclusão viral e células picnóticas, ao passo que se observava uma estrutura quase normal, exceto alguns vácuos e necrose, nos anhos não tratados. A histologia das brânquias e do fígado dos peixes nos viveiros tratados com medicamentos apresenta algumas alterações patológicas, tais como ausência de lamelas, hemorragias, necrose, vácuos, hipertrofia, talengiactasia, baqueteamento e células picnóticas, ao passo que nos viveiros não tratados as brânquias e o fígado dos peixes eram quase normais, exceto alguns vácuos e necrose. A maior produção de camarão nos tanques tratados com probióticos e medicamentos foi registada como 2100 kg/acre, enquanto que 120 kg/acre nos tanques não tratados. Por outro lado, a produção de pangus, tilápia e koi foi de 12000 kg/acre, 17000 kg/acre e 16000 kg/acre nos tanques tratados com medicamentos, enquanto que 5000 kg/acre, 10000 kg/acre e 9000 kg/acre nos tanques não tratados, respetivamente. A partir do presente estudo, pode afirmar-se que a aquacultura do Bangladesh tem sido influenciada por fármacos aquáticos e produtos químicos que tiveram impactos positivos na produção aquícola e na recuperação de doenças, por outro lado, foram observadas algumas alterações patológicas notáveis nos órgãos dos camarões e dos peixes.

CAPÍTULO 6

RESUMO E CONCLUSÃO

O presente estudo foi realizado por um período de um ano, de julho de 2013 a junho de 2014, para avaliar os impactos de drogas aquáticas e produtos químicos na saúde e na produção de peixes e camarões por meio de observações clínicas, histológicas e gerais de campo da aquicultura interna e costeira em Bangladesh. O estudo foi efectuado em sete Upazillas diferentes de cinco distritos diferentes do Bangladesh, nomeadamente Khulna (Dacope e Koyra), Bagerhat (Rampal), Narail (Narail Sadar) e Cox'sBazar (Pekua) das regiões costeiras e Mymensingh (Trishal e Bhaluka) das regiões interiores.

Durante a presente investigação, foram registadas sete categorias de medicamentos para a água e de produtos químicos utilizados pelos agricultores nas lojas de medicamentos para a água. Tanto nas zonas costeiras como nas interiores, os aquicultores utilizavam produtos químicos classificados como preparação dos tanques e manutenção da qualidade da água, fornecedores de oxigénio, remoção de gases, promotores de crescimento, desinfectantes, antibióticos e tratamento de doenças. Recentemente, algumas explorações comerciais em ambas as regiões utilizaram experimentalmente probióticos como aditivos alimentares, manutenção da qualidade da água e produção. Registou-se que 34 empresas farmacêuticas forneceram diferentes medicamentos e produtos químicos para a água nas áreas de estudo, sendo a maioria dos produtos fornecidos por 10 empresas. Os produtos químicos mais utilizados para diferentes fins nas regiões costeiras e interiores foram Zeolite, Zeolite plus, Zeolite Acme, Geotox, Aqua boost, Aquamin, Megavit aqua, Cevit vet, Aqua savor, Timsen, Emsen, Rotenone, Pó branqueador, Oxitetraciclina, Renamicina, Renamox, Bactitab, Eco-solution, Permanganato de potássio, Cotrim vet e Tetravet.

Nas regiões costeiras, as doenças do camarão registadas foram a WSD, a YHD, a incrustação externa, a MBVD, a doença das brânquias negras e as doenças bacterianas. Os aquicultores utilizaram permanganato de potássio, solução ecológica, azul de metileno, Basudin e Timsen, com uma média de 20-25% de recuperação, e YHD, renamicina, oxitetraciclina, cal, sal e permanganato de potássio para o tratamento de doenças bacterianas, com uma média de 50-55% de recuperação. No entanto, nas regiões do interior foram registadas doenças comuns nos peixes, como EUS, podridão das barbatanas, hidropisia, manchas brancas, olho de pop e Edwardsiellosis. O permanganato de potássio, a renamicina, a ciprocina e o Cotrimvet tiveram uma recuperação média de 80-85% na EUS do pangus, ao passo que a renamicina, o Timsen, o Ossi-C e o Polgard plus tiveram uma recuperação média de 75-80% no tratamento da Edwardsiellosis do pangus. A partir da secção histológica do músculo e hepatopâncreas do camarão e das brânquias e fígado do peixe, foram observadas algumas alterações patológicas notáveis, como necrose, hemorragia, células picnóticas, corpos de inclusão viral, falta de lamelas, talengiactasia, baqueteamento e hipertrofia nos órgãos acima mencionados em anfíbios ou tanques tratados com medicamentos, enquanto que alguns vazios foram observados nos de controlo. A produção mais elevada de camarão nos tanques tratados com probióticos e medicamentos foi registada como 2100 kg/acre, enquanto que 80-120 kg/acre nos tanques não tratados. Por outro lado, a produção de pangus foi de 12000 kg/acre nos tanques tratados com medicamentos, enquanto que 5000 kg/acre nos tanques de controlo. A partir do presente estudo, pode afirmar-se que a aquicultura do Bangladesh tem sido influenciada por fármacos aquáticos e produtos químicos que tiveram impactos positivos na produção aquícola e na recuperação de doenças, por outro lado, foram observadas algumas alterações patológicas notáveis nos camarões e nos órgãos dos peixes dos tanques tratados com fármacos.

Recomendações

- Os agricultores precisam de receber formação sobre a utilização de medicamentos e produtos químicos na aquicultura.
- Devem ser mantidos períodos de abstinência adequados de medicamentos e produtos químicos.
- A utilização de fármacos aquáticos e de produtos químicos nos tanques e nos viveiros deve ser reduzida, a fim de evitar patologias adversas nos órgãos dos camarões e dos peixes.

CAPÍTULO 7

REFERÊNCIAS

Ahmed GU, Dhar M, Khan MNA, Choi JS 2007: Investigação da doença da carpa tailandesa, *Anabas testudineus* (Bloch), em condições de cultivo no inverno. *Journal of Life Science* **17** (10) 1309-1314.

Ahmed GU, Faruk MAR, Shamsuddin M 2012: Impacto de drogas aquáticas e produtos químicos na saúde dos peixes. 5th Conferência de Pesca e Feira de Investigação 2012. Fórum de Investigação das Pescas do Bangladesh (BFRF). pp. 39.

Ahmed GU, Faruk MAR, Shamsuddin M, Rahman MK 2014: *Impacto de drogas aquáticas e produtos químicos na saúde dos peixes.* In: MA Wahab, MA Shah, MS Hossain, MAR Barman e ME Haq (Editores). Avanços da Investigação Pesqueira no Bangladesh: 5th Fisheries Conference & Research Fair 2012. Conselho de Investigação Agrícola do Bangladesh, Daca, Fórum de Investigação Pesqueira do Bangladesh, Daca, Bangladesh, pp. 246.

Ahmed GU, Hossain MM, Hasan MM 2009: Variação sazonal da doença e da patologia da perca, *Nandus nandus* (Hamilton), da pesca no lago Oxbow do Bangladesh. *Eco-friendly Agricultural Journal* 2 (8) 761-768.

Ahmed GU, Tan ESP 1992: A resposta do tratamento com tetraciclina da epiderme do peixe-gato ferido *(Clarias macrocephalus)* criado em condições de cultura intensiva. *Aquaculture* **105** 101-106.

Akhter MM, Haq AK, Jakaria ABM, Bashar KM, Hossain MM 2010: Utilização de drogas aquáticas e produtos químicos na gestão de viveiros de camarão e peixe no distrito de Khulna. *Jornal Internacional de Ciência Animal e das Pescas* **3** (2) 283-288.

Aiderman DJ, Rosenthal H, Smith P, Stewart J, Weston D 1994: Chemicals used in mariculture. *ICES Cooperative Research* **20** (2) 100.

Ali MM 2008: Estudo sobre os produtos químicos e antibióticos utilizados na gestão da saúde dos animais aquáticos. Tese de Mestrado, Departamento de Aquacultura, Universidade Agrícola do Bangladesh, Mymensingh.

Barde R 2009: Os pesticidas organofosforados alteram as actividades enzimáticas do caranguejo de água doce *(Barytephusa guerini). Aquaculture India* **10** (2) 331-324.

Bhaumik U, Pandit PK, Chatterjee JG 1991: Impact of Epizootic Ulcerative Syndrome on the fish yield consumption, a trade in West Bengal. *Journal of Inland Fisheries Society* 23 45-51.

Brown D, Brooks A 2002: A survey of disease impact and awareness in pond aquaculture in Bangladesh, the Fisheries and Training Extension Project- Phase 11. In: JR Arther, Phillips MJ, Subasinghe RP, Reantaso MB, MacRae IH (Editores). *Primary Aquatic Animal Health Care in Rural, Small Scale and Aquaculture Development. FAO Fisheries Technical Paper* **406** 85-93.

Chanratchakool P, Turnbull JF, Funge-Smith S, Limsuwan C 1995: Health Management in Shrimp Ponds. 2nd edition. Aquatic Animal Health Research Institute, Banguecoque.

Chinabut S, Lilley JH 1992: A distribuição das lesões EUS no peixe cabeça de cobra, *Channa striatus* (Bloch). *AAHRI Newsletter* **1** (2) 1-2.

Chowdhury AKJ, Saha D, Hossain MB, Shamsuddin M, Minar MH 2012: Produtos químicos utilizados na aquacultura de água doce com especial ênfase na gestão da saúde dos peixes de Noakhali, Bangladesh. *Jornal Africano de Ciências Básicas e Aplicadas* **4** (4) 110-114.

Daniel P 2009: Quimioterapia disponível na piscicultura mediterrânica: Utilização e necessidades. *Jornal de Opções Mediterrânicas* **86** 197-2005.

DoF 2002: Departamento das Pescas. Compêndio da Quinzena do Peixe. 10-24 de agosto de 2002, Ministério das Pescas e da Pecuária, Bangladesh, pp. 44-45.

DoF 2014: Departamento de Pescas, Compêndio da Semana Nacional do Peixe 2014 (em bengali). Ministério das Pescas e da Pecuária, Bangladesh, pp. 13.

Faruk MAR, Alam MJ, Sarker MMR, Kabir MB 2004: Status of fish disease and health management practices in rural freshwater aquaculture of Bangladesh. *Pakistan Journal of Biological Science* 7 (12) 2092-2098.

Faruk MAR, Ali MM, Patwary ZP 2008: Evaluation of the status of use of chemicals and antibiotics in freshwater aquaculture activities with special emphasis to fish health management. *Jornal da Universidade Agrícola do Bangladesh* 6(2) 381-390.

Faruk MAR, Sultana N, Kabir MB 2005: Utilização de produtos químicos nas actividades de aquicultura na zona de Mymensingh, Bangladesh. *Bangladesh Journal of Fisheries* **29** (1-2) 1-10.

Floyd RF 1993: The Veterinary Approach to Game Fish. Pergamon Press, pp. 395-408.

GESAMP 1997: Grupo Conjunto de Peritos sobre os Aspectos Científicos da Proteção do Ambiente Marinho. Towards safe and effective use of chemicals in coastal aquaculture. *Estudos respectivos (IMO/ FAO/ UNESCO/IOC//WMO/WHO/IAEA/ UN/ UNEP* **65** 40.

Haque AKMMS, Talukdar MAS, Sultana S, Rafiquzzaman M, Shaha P 1997: Determinação da Concentração Inibitória Mínima (MIC) e da Concentração Bactericida Mínima (MBC) de três antibióticos. 15th Annual Conference on 'Microbes in Health and Hygiene', 4-5 de setembro (Programme Abstract and Keynote Papers) Bangladesh Society of Microbiologists. Universidade Agrícola do Bangladesh, Mymensingh. pp. 33-36.

Hasan MR, Ahmed GU 2002: Issues in carp hatcheries and nurseries in Bangladesh, with special reference to health management. In: Arthur JR, Phillips MJ, Sabasinghe RP, Reantaso MB, MacRae LH (Eds.),

Primary Aquatic Animal Health Carein Rural, Small-Scale. Aquaculture Development, FAO Fisheries Technology **406** 147-164.

Herwing RP, Gray JP 1997: Resposta microbiana ao tratamento antibacteriano em microcosmos marinhos. *Aquaculture* **152** 139-154.

Hossain MB, Amin SMN, Shamsuddin M, Miar MH 2013: Utilização de produtos químicos aquáticos nas maternidades e piscicultores da grande Noakhali, Bangladesh. *Asian Journal of Animal and Veterinary Advances* **8** (2) 401- 408.

Inglis V 1996: Antibacterial chemotherapy in aquaculture: review of practice, associated risks and need for action. In: JR Arthur, CR lavilla-Pitogo e RP Subasinghe (Editores). Use of Chemicals in Aquaculture in Asia. Centro de Desenvolvimento das Pescas do Sudeste Asiático, Departamento de Aquacultura Tigbauan, Iloilo, Filipinas, pp. 7-22.

Islam KR 2013: Estudo sobre o impacto de drogas aquáticas e produtos químicos na saúde e produção de camarões no Bangladesh. Tese de Mestrado, Departamento de Aquacultura, Universidade Agrícola do Bangladesh, Mymensingh, Bangladesh.

Islam MA, Hasan MN, Mahmud Y, Reza MS, Mahmud MS, Kamal M, Siddiquee S 2014: Medicamentos obtidos para a operação de incubadoras de peixes e ponda de crescimento em Bangladesh. *Investigação Anual e Revisão em Biologia* 4(7) 1036-10344.

Kanchanakarn S 1986: Toxicidade do dipterex na cabeça de cobra listrada (Channa striatus Fowler), no barbo prateado (Puntius gonionotus Bleeker) e na carpa comum (Cyprinus carpio Linn.). Dissertação de Mestrado. Tese, Universidade de Kasetsart, Banguecoque, Tailândia.

Khan MR, Rahman MM, Shamsuddin M, Islam MR, Rahman M 2011: Present status of aqua drugs and chemicals in Mymensingh District. *Jornal da Sociedade de Ciência e Tecnologia Agrícolas do Bangladeche* **8** 169-174.

Lilley JH, Inglis V 1997: Comparative effects of various antibiotics, fungicides and disinfectants on *Aphanomyces invaderis* and other Saprolegniaceous fungi. *Aquaculture Research 28* 461-469.

Limsuwan C 1985: Doenças do camarão e gestão sanitária no Sudeste Asiático. In: RP Subasinghe e M Shariff (Editores). Diseases in Aquaculture: the Current Issues. Sociedade de Pesca da Malásia, Serdang, Selangor, pp. 71- 96.

Lipton AP 1991: Control of Aeromonas and Pseudomonas infections in freshwater aquaculture system. Procedimentos do Simpósio Nacional sobre Novos Horizontes em Aquacultura de Água Doce. Associação Indiana de Aquacultores. pp. 171-173.

Mir FA, Shah GM, Jan U, Mir JI 2012: Estudos sobre a influência de concentrações subletais de pesticida organofosforado; Diclorvos (DDVP) no índice gonadossomático (GSI) da carpa comum fêmea, Cyprinus carpio communis. *American-Eurasian Journal of Toxicological Science* **4** (2) 67-71.

Monsur A 2012: Utilização de drogas aquáticas e produtos químicos na aquicultura nas regiões de Jamalpur e Sherpur. Tese de Mestrado, Departamento de Aquacultura, Universidade Agrícola do Bangladesh, Mymensingh, Bangladesh.

Muir JF 2003: The feature of Fisheries: economic performance. Fisheries Setor Review and Development Study, Ministério das Pescas e da Pecuária do Bangladesh e Departamento das Pescas, Daca, pp. 772.

Phillips M 1996: The use of chemicals in carp and shrimp aquaculture in Bangladesh, Cambodia, Lao PDR, Nepal, Pakistan, Sri Lanka and Viet Nam. In: Arthur JR, Lavilla-Piiogo CR, Subasinghe RP (Editores). Use of Chemicals in Aquaculture in Asia. Centro de Desenvolvimento das Pescas do Sudeste Asiático, Departamento de Aquacultura Tigbauan, Iloilo, Filipinas, pp. 75-84.

Plumb JA 1992: Controlo de doenças em aquacultura. In: Shariff IM, Subasinghe RP, Arthur JR (Eds.) Disease in Asian Aquaculture. Fish health Section of the Asian Fisheries Society, Manila, Filipinas, pp. 3-17.

Primpol M 1990: Estudo sobre as doenças do peixe-gato de Gunther (Clarias macrocephalus) e sua prevenção. Dissertação de Mestrado. Tese, Kasetsart University, Bangkok, Tailândia.

Rahman H 2012: Efeitos das drogas aquáticas sobre o estado de saúde dos peixes cultivados nas áreas de Jamalpur. Tese de mestrado, Departamento de Aquacultura, Universidade Agrícola do Bangladesh, Mymensingh, Bangladesh.

Rahman MM 2011: Status e impacto de drogas aquáticas comerciais e produtos químicos na saúde dos peixes ao nível do agricultor. Tese de Mestrado, Departamento de Aquacultura, Universidade Agrícola do Bangladesh, Mymensingh, Bangladesh.

Rodgers CJ, Furones MD 2009: Agentes antimicrobianos em aquacultura: Practice, needs and issues. *Journal of Options Mediterranean* **86** 41-59.

Ruangpan L 1986: Seabass diseases. *Thai Fisheries Gazette*, Tailândia **6** 7-30.

Sarkar MGA 2000: Actividades das bactérias *Aeromonas* e do fungo *Aphanomyces* que causam EUS em peixes de água doce do Bangladesh. Tese de mestrado. Departamento de Aquacultura, Universidade Agrícola do Bangladesh, Mymensingh.

Shamsuddin M 2012: Impacto de aqua-drogas e produtos químicos na saúde e produção de peixes. Tese de Mestrado, Departamento de Aquacultura, Universidade Agrícola do Bangladesh, Mymensingh, Bangladesh.

Shamsuzzaman MM, Biswas TK 2012: Produtos químicos aquáticos em fazendas de camarão: Um estudo da costa sudoeste do Bangladesh. *Jornal Egípcio de Investigação Aquática* **38** 275-285.

Smith M 2002: Animal Drug Import Tolerances under ADAA of 1996: FDA's Public Health Protection, International Harmonization and Trade- Related Goals. http://www.fda.gov/cvm/index/vmac/Smith files/smith text.htm.

Smith R, Donlon, Coyne R, Cazabon DJ 1994: Fate of oxytetracyline in a fresh water fish farm: influence of effluent treatment systems. *Aquaculture* **120** 319-325.

Spanggaard B, Jorgensen F, Gram L, Huss HH 1993: Antibiotic resistance in bacteria from three freshwater fish farms and an unpolluted stream in Denmark (Resistência aos antibióticos em bactérias de três pisciculturas de água doce e de um riacho não poluído na Dinamarca). *Aquaculture* **115** 195-207.

Subasinghe RP, Barg U, Tacon A 1996: Chemicals in Asian aquaculture: need, usage, issues and challenges. *Use of Chemicals in Aquaculture in Asia.* In: JR Arthur, CR Lavilla-Pitogo, RP Subasinghe (Editores), Centro de Desenvolvimento das Pescas do Sudeste Asiático, Departamento de Aquacultura Tigbauan, Iloilo, Filipinas, pp. 1-6.

Sultana N 2004: Utilização de produtos químicos em actividades de aquacultura na zona de Mymensing. MS. Tese de Mestrado. Departamento de Aquacultura, Universidade Agrícola do Bangladesh, Mymensingh, Bangladesh.

Sultana N, Faruk MAR, Kabir MB 2005: Utilização de produtos químicos em actividades de aquicultura na zona de Mymensingh, Bangladesh. *Bangladesh Journal of Fisheries* **29** (1-2) 1-10.

Tonguthai K, 2000: A utilização de produtos químicos na aquacultura da Tailândia. In: JR Arther, CR Lavilla e RP Subasinghe (Editores). Departamento de Aquacultura, Centro de Desenvolvimento das Pescas do Sudeste Asiático. Tigbauan, Iloilo, Filipinas, pp. 207-220.

Tonguthai K, Chanratchakool P 1992: A utilização de agentes quimioterapêuticos em aquacultura na Tailândia. In: M Shariff, RP Subasinghe, JR Arthur

(Editores). Diseases in Asian Aquaculture (Doenças na Aquacultura Asiática). Secção de Saúde dos Peixes. Sociedade Asiática de Pesca, Manila, pp. 555-565.

Uddin SA, Kader MA 2006: The use of antibiotics in shrimp hatcheries in Bangladesh (A utilização de antibióticos em viveiros de camarão no Bangladesh). *Journal of Fisheries and Aquatic Science* **1** (1) 64-67.

Weston DP 1996: Ecological effect of the use of chemicals in aquaculture. Procedimentos da Reunião sobre a Utilização de Produtos Químicos na Ásia, 20-22 de maio de 1996, Tigbauan, Filipinas.

Williams RR, Lightner DV 1988: Regulatory status of therapeutants for penaeid shrimp culture in the United States. *Journal of World Aquaculturist Society* **19** 188-196.

APÊNDICES

APPENDIX 1.   Questionário aos produtores de camarão e de peixe

Questionário para os produtores de camarão e de peixe

1. Informações básicas

Name	
Address & phone no.	

2. Impacto das drogas aquáticas e dos produtos químicos

Category	Drug trade name	Dose	Purpose of use	Source	Impact/ recovery (%)
Pond preparatory					
Oxygen supplier					
Disinfectants					
Growth promoters					
Antibiotics					
Disease treatments					

3. Impacto na produção

Study areas	Production of shrimp and fish (Kg/acre)		
	Control	Lime and feed	Drugs, chemicals and feed

4. Observações clínicas

Enumerador de dados (Nome e data)

APPENDIX 2.   Questionário para os medicamentos aquáticos e os vendedores

Questionário para os medicamentos aquáticos e os vendedores

1.   Informações de base sobre os vendedores de aqua-drugs

Name	
Shop name	
Address & phone no.	

2. Medicamentos aquáticos e produtos químicos disponíveis

Sl. No.	Tare name	Purpose	Source	Price

Enumerador de dados (Nome e data)

Printed by Books on Demand GmbH, Norderstedt / Germany